灰作六艺

传统建筑石灰知识与技术体系

SIX SCIENTIFIC ASPECTS OF BUILDING LIME TECHNIQUE
FOR CONSERVATION OF CULTURAL HERITAGE

戴仕炳　胡战勇　李　晓　著
by Dai Shibing, Hu Zhanyong & Li Xiao

同济大学 出版社
TONGJI UNIVERSITY PRESS

资助基金

1. 国家自然科学基金面上项目：明砖石长城保护维修关键石灰技术研究（批准号 51978472）

2. 国家重点自然科学基金项目：我国地域营造谱系的传承方式及其在当代风土建筑进化中的再生途径（批准号 51738008）

3. 同济大学学术专著（自然科学类）出版基金，2018

4. 同济大学研究生教材出版基金（项目编号 2019JC11），2019

代序
Foreword

　　传统建筑营造中的灰作,包括了灰土、灰浆、灰泥、灰塑等材料配比技术及其施工工艺。其中,石灰以其强度和韧性上的天然特性,在灰作材料合成中起着举足轻重的作用。从地基处理、基础构成、构件砌筑、面层制作,直到装饰效果,没有一样离得开灰作的关键性参与。因而自古以来,灰作就是土木工程的基本工种、工序和匠技之一,并通过工匠的代代口传(口风)和手传(手风)延续下来。 如今,灰作作为建成遗产保护工程技术的重要组成部分,在实际运用中也面临着提升性能、优化机理、改良配比、新旧工艺兼容以及环境适应等技术难题。一言以蔽之,灰作作为传统"低技术"的一种,需要在传承中获得现代意义上的再生。同济大学建筑与城市规划学院历史建筑保护实验中心主任戴仕炳教授,以20余年的研究和实践经历,一直承担着这一历史的重任。

　　戴教授作为材料工程的学术和实践的双重精英,在国内建成遗产保护工程领域是首屈一指的材料病理诊断和修复专家。他长期坚持术业专攻,对灰作,特别是石灰材料及其工艺,用功甚勤,探研尤深,经他参与主持的北京、上海、平遥、澳门等地著名的建成遗产修复工程已享誉海内外。《灰作六艺》这部专著,就是他继《灰作十问》之后,对这一领域研究的又一部力作,对建成遗产保存和修复工程有着难得的启发价值和借鉴意义。作为同事和朋友,特以此短文向他致敬和致贺。

　　谨以《灰作十问》序的主要内容为本书代序。

中国科学院院士
同济大学教授
庚子冬日于沪上寓所

前言
Preface

作为石灰材料中重要的一类，建筑石灰（building lime），是传统建筑最重要的胶凝材料，即使在水泥被引入中国并大范围使用后，建筑石灰一直到 20 世纪 70 年代仍然占据重要的地位。但是今天，建筑石灰除了在道路等工程使用外，在建筑领域早已不再是主角，仅在文化遗产保护修缮及生态建筑建造等方面具有意义。

近年来，我国在各种类型的文化遗产保护准则等纲领性文件中强调文化遗产保护要采用"原材料、原工艺"。"原材料、原工艺"不仅是为了保护文化传统（部分属于非物质文化遗产），而是从文保技术的角度来看"原材料、原工艺"与残存的古代材料、历史构件等更兼容。近年来，以"长城"保护修复为代表的保护工程出现的问题暴露了我国文化遗产保护与传承中"灰作"研究的薄弱。2019 年 1 月《长城保护总体规划》由文化旅游部、国家文物局联合印发，提出以"整体保护"为思路的"原址保护、原状保护"的总体策略，实现此策略的核心技术难题之一是对以明代长城为代表的古代灰作缺乏深入的研究，导致保护维修石灰的技术落后。在明代长城发现了高强度的镁质石灰，而镁质石灰在现代大气环境下不再适合营造或修缮，这对遗产保护"原材料"的原则提出挑战。因此必须完整地理解传统灰作，并在现代技术成果背景下科学利用建筑石灰，以实现理论与实践的完美统一。

基于我国灰作传统传承及当代保护工作的实际需求，本书揭示传统建造的建筑石灰"原材料、原工艺"的完整体系，即生产、消解、应用等每个环节，并对传统灰作及其技术背景在完整的科学链、产业链背景下进行梳理，即从传统营造及遗产保护初心"坚固"与耐久性出发，分析石灰的固化表征及机理，由此引导出石灰科学分类。再从灰之母"石"，由"石"变"灰"的过程"煅"，由"生"变"熟"的过程"解"等完整揭示可供使用的石灰的来源及影响性能的关键参数。为增加本书的实用性，在"方—配方及材料加工"，"工—实用技艺"中提出配方优化的技巧与常见石灰工艺的施工注意事项。附录中列出了整理的配方，对部分内容进行了评述，供使用时参考。

作为《灰作十问——建成遗产保护石灰技术》（以下简称《灰作十问》）的姊妹篇，本书侧重阐述围绕文化遗产保护中石灰的传统技术体系，既包括我国的传统技艺，也包括欧洲的传统及最新成果总结，特别是如何烧制出符合遗产保护要求的高质量的石灰，以补充《灰作十问》中没有涉及的主要内容。

本书是为与遗产保护相关的城乡规划、建筑历史与理论、历史建筑保护工程、文物保护、土木工程、建筑材料学等方向的研究生编写的，也可供从事技术史、建筑考古、建筑保护修缮、生态建造等专业研究及保护工程实践人员参考。

作者
2020 年 10 月

目录
Contents

第1章 从建筑石灰到"灰作"

石灰，顾名思义，是由天然（或人工）"石"头烧出的"灰"。今天，石灰主要应用于冶金、化工、环保、农业等领域，只有少部分石灰作为建筑与土木工程的原材料，这部分石灰称作建筑石灰（building lime）。水硬性石灰是只应用到土木建筑工程及文物修缮领域的石灰。

古代应用于建造、修缮等领域的建筑石灰除了包含了今天的建筑材料学等方面的概念外，还包括了一系列原材料选择、煅烧、消解、配方设计、工法及地方风俗，因此本书提出的"灰作"的概念更能反映利用石灰的物质特性及非物质传统。"灰作"被定义为采用建筑石灰完成从建造到装饰、修缮的完整工艺体系。

我国在"灰作"物质遗存的科学分析、工艺考证（建筑考古学）等方面研究尚存不足。无论是从满足文化遗产保护材料供应还是从保护传统工艺的角度出发，均需要保存传统工法煅烧石灰场地或科学地重启烧制。

1.1 石灰与建筑石灰

之所以要对建筑石灰做出界定，是因目前国内石灰的主要用途并非仅限于建筑工程，其他使用石灰量巨大的钢铁（图1-1，图1-2）、化工、环保、农业等行业对石灰的产品质量指标有专门设定，与建筑工程及文化遗产保护用石灰有所不同，不属于本书研究范围。而且水硬性石灰仅用于建筑工程，其在今天欧洲生态建造及遗产保护领域具有举足轻重的地位。

1.1.1 建筑石灰

国内规范对建筑石灰定义简略，最早的《建筑石灰》（GB 1594—1979）的"适用范围"，简单写为"适用于建筑工程用的石灰"，其后《建筑生石灰》（JC/T 479—1992）开始将建筑石灰分为生石灰和消石灰，在"适用范围"中为建筑石灰提出了更准确科学的定义："适用于以碳酸钙为主要成分的原料，在低于烧结温度下煅烧的建筑工程用生石灰。其他用途的石灰，也可参考使用。"最新的《建筑生石灰》（JC/T 479—2013）将适用范围缩小为"适用于建筑工程用的（气硬性）生石灰与生石灰粉。不包括水硬性生石灰，其他用途的生石灰也可参考使用。"对生

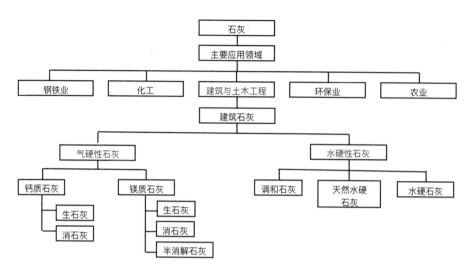

图 1-1　石灰主要应用领域

图片来源：BS EN 459-1:2010（附录 C）

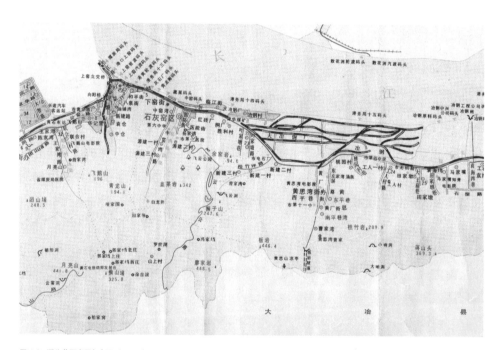

图 1-2　湖北黄石市石灰窑区（2001 年 10 月 12 日更名为西塞山区），可见石灰窑与钢厂的关系

图片来源：该图年代不详，推测为 1980 年代

石灰又定义为："（气硬性）生石灰由石灰石（包括钙质石灰石、镁质石灰石）焙烧而成，呈块状、粒状或粉状，化学成分主要为氧化钙、氧化镁，可和水发生放热反应生成消石灰"。

欧盟标准 BS EN 459-1-2015 对建筑石灰定义为："由气硬性石灰和具有水硬性的石灰组成的产品系列，应用于建筑、建造和土木工程的材料"。

上述三个国内标准和欧盟标准对建筑用石灰的定义虽然在适用范围上有所区别，但对建筑石灰的组分和用途表述基本一致，因此，本书所讨论的建筑石灰，可参照欧盟标准，定义为用于建筑、建造及土木工程的气硬性石灰和具有水硬性的石灰。

但在讨论中国历史上建筑石灰的应用时，却发现并不存在现代工业体系下不同产品特性分类的问题。中国古代烧制石灰的技术基本稳定，对原材料的遴选和焙烧温度的控制已经有较成熟的经验，尚没有证据表明生产者会根据石灰的不同用途选择不同的原材料和焙烧方式。因此虽然产品质量不同，但对所有领域提供的均是同一生产工艺产品。应用于营造工程的，即是建筑石灰，应用于农业、造船、染料的，仍然是同样的石灰，作为原材料也没有额外的命名。事实上中国古代对石灰的称谓虽然很多，但并未完全按使用用途进行区分。从古代文献反映的使用量看，中国古代对石灰用量较大的是筑城、建房、水利等营造工程和农业，其他涉及石灰使用的，相对用量较少。

必须说明的是，虽然本书研究较多涉及传统建筑石灰，但由于中国古代并未从生产源头区分建筑石灰和其他用途石灰，因此本书遴选的中国历史文献专注于营造领域，对于全面认识一种普通而基本的材料，仍需要对古代社会各领域石灰的应用情况做分析和研究，如此方能理解石灰如何在近五千年的历史跨度中，影响和服务于中国。

1.1.2 灰作

传统工匠术语中并没有"灰作"一词。与之相近的是《营造法式》中的"泥作"。宋代官式建筑的营造中，黏土是建造的主要黏结材料，尽管有物证表明至少在唐代已用石灰砌砖（图 1-3）及用石灰作内外墙面的粉刷。《营造法式》"用泥"条："其名有四：一曰垝，二曰墐，三曰塗，四曰泥。[1]"其中，"垝"，《康熙字典》释为"涂也"；"墐"，《毛诗正义》同样释为"涂也"，《礼记正义》解释为"墐涂，涂有穰草也。"

1. 李诫撰，王海燕注译，袁牧审定，营造法式译解 [M]，武汉：华中科技大学出版社,2014.07：196-197

图 1-3 安阳修定寺，建于唐代，模压砖，白灰砌筑
图片来源：戴仕炳

可见虽然其名有四，但都指的是涂墙所用灰泥。关于施工工序，《营造法式》有"用石灰等泥塗之制……"可证石灰仅用于表面粉饰。

其后，"泥作"一词多指负责该项营造工艺的工匠，比如南宋时，临安官府因为无力维持官办匠作体系，经常向民间采购。受朝廷差雇的民间工匠称为"作分"，有"木作、砖瓦作、泥水作、石作……[1]"，其中"泥水作"应即是泥作工匠。

在明代残存的碑文中，有记录长城修建过程主要匠头的姓名，和泥作有关的匠人被称作"窑匠"、"泥水匠"、"泥水石匠"等。如嵌存于北京延庆八达岭城门台上的石碑碑文记录了万历十年（1582）"驻防本镇左右部，……共修城墙长三十丈三尺、城墙高连垛口二丈五尺。……今将□员役开具于后……管烧灰头役诚启、谈名。窑匠头役王锐、杨二千。泥瓦匠头役□明、张举、李替、盖臣[2]"。

1. 吴自牧. 梦粱录 [M]. 杭州：浙江人民出版社 .1984.
2. 董耀会，吴德玉，张元华. 明长城考实 [M]. 南京：江苏凤凰科学技术出版社 .2019.

但"泥作"始终未能如"木作"、"石作"那样成为古代营造术语系统的专有名词。1983 年出版的《中国古建筑修缮技术》及刘大可先生等著作中，"泥作"也未被列入修缮技术。

2014 年，中国台湾张嘉祥先生出版了《传统灰作——壁画抹灰记录与分析》一书，对灰作没有给出定义，但根据他书中的描述，他对"灰作"一词的理解除了为"涂、粉"等工法外，还包括了石灰的制作（如养灰等）、加工等技艺。

根据历史文献及传统工艺分类，我们建议将"灰作"定义为采用建筑石灰完成从建造到装饰、修缮的完整工艺体系。"灰作"的修建技术，包括石灰种类选择、消解方式及配方设计、工艺优化等内容。相关概念和阐述已经在戴仕炳等所著《灰作十问——建成遗产保护石灰技术》中述及。本书即是对"灰作"这一古老工艺体系的深入解析，并对其现代理化指标提出实践要求。

1.2 《天工开物》与"灰作六艺"

1.2.1 早期文献中的石灰

中国古人发现和使用石灰，从考古发掘结果可以追溯到新石器时代。古代文献中也很早就记录了石灰的存在，比如《周易》中的"焚灰"。但对其生产工艺、用途和配方进行系统梳理和总结，则是明代宋应星的《天工开物》。

对这种建筑材料的烧制做大致描写，最早的当属晋张华《博物志》，其卷四有："烧白石作白灰，既讫，积著地，经日都冷，遇雨及水浇即更燃，烟焰起。[1]"明确指出白灰（石灰）是由白石烧制而成，并且遇雨水即消解，放出大量热气。南梁时，陶弘景对石灰的药用功能有所阐发："石灰，今近山生石，青白色，作灶烧竟，以水沃之，即热蒸而解末矣。性至烈，人以度酒饮之，则腹痛下痢。古今多以构冢，用捍水而辟虫。[2]"捍水，防水防潮之谓。辟虫，《周礼》"焚石投水"之意。以陶弘景所处南朝时期，则其所谓"古今"，约为两汉至南北朝时期，以石灰营坟，以防水驱虫，应当是当时通行做法。

值得注意的是，张华、陶弘景这两则文献反映了古人对事物的认知从写虚到写实的转变，从行文看，摒弃了汉魏时期流行的大赋式文学表达，以平实语言记录事

1. 张华等 . 博物志（外七种）[M]. 王根林等，校点 . 上海：上海古籍出版社，2012: 23.
2. 陶弘景 . 本草经集注（辑校本）[M]. 尚志钧，尚元胜，辑校 . 北京：人民卫生出版社，1994: 180.

物特征与变化。华丽的对偶和佶屈聱牙的词语消失，代之以简洁的白描。并且于陶弘景文中首次对材料性质给出了描述，这在以往的历史文献中是前所未有的。后世的文献中，详实记录的传统得以发扬光大，终于在宋代出现了第一次全面的使用工艺总结（见 1.2.4）。

唐朝人在炼丹时即已注意到石灰不同的消解过程可以形成不同类型的石灰，《龙虎还丹诀》中记录了较多石灰的用途，如"结砂子法红银"中说："临了用大火烧得通过，即以风化灰一斗，赤乌一斗，以醋浆水投石灰中取清，以石灰汁煮令热，淋赤乌，取汁中煎砂子。[1]"此处出现"风化灰"和"石灰"，前者推测即是"风吹成粉"的石灰。约成书于 1061 年的《本草图经》记录了石灰的两种消解方式："锻[2]石，生中山川谷，今所在近山处皆有之。此烧青石为灰也，又名石锻。有两种：风化、水化。风化者，取锻了石，置风中自解，此为有力。水化者，以水沃之，则热蒸而解，力差劣。[3]"此处所言的"有力"，当是作为药材使用时的药性药力而言。其后医书中，对石灰的使用即区分了风化石灰和一般石灰。

1.2.2 《天工开物》

明人宋应星著《天工开物》，初刊于明崇祯十年（1637），全书分为上中下三卷 18 篇。并附有 123 幅插图，描绘了 130 多项生产技术和工具的名称、形状、工序。书名取自《尚书·皋陶谟》"天工人其代之"及《易·系辞》"开物成务"，作者说是"盖人巧造成异物也"（《五金》卷）。全书按"贵五谷而贱金玉之义"（《序》）分为《乃粒》（谷物）、《乃服》（纺织）、《彰施》（染色）、《粹精》（谷物加工）、《作咸》（制盐）、《甘嗜》（食糖）、《膏液》（食油）、《陶埏》（陶瓷）、《冶铸》、《舟车》、《锤锻》、《燔石》（煤石烧制）、《杀青》（造纸）、《五金》、《佳兵》（兵器）、《丹青》（矿物颜料）、《曲蘖》（酒曲）和《珠玉》。

《天工开物》一书在崇祯十年初版发行后，很快就引起了学术界和刻书界的注意。明末方以智《物理小识》较早地引用了《天工开物》的有关论述。清乾隆时期，因书中有"北虏""东北夷"，以及宋应星之兄宋应升的《方玉堂全集》、宋应星友人陈弘绪等人的一些著作具有反清思想，提倡"华夷之辨"，该书被清政府查禁。至清末民国初方又进入大众视线。

1. 金陵子.龙虎还丹诀 [M].上海：涵芬楼影印，1924: 90.
2. 同"煅"，后同。——著者注
3. 苏颂.本草图经 [M].合肥：安徽科学技术出版社，1984: 58.

《天工开物》是历史上首次系统地总结了石灰的生产过程、性能和原材料的文献，特别是其对生产过程的详细描述："百里内外，土中必生可煅石。石以青色为上，黄白次之。石必掩土内二三尺，堀取受煅；土面见风者不用。煅灰火料，煤炭居十九，薪炭居什一。先取煤炭、泥，和做成饼。每煤饼一层，垒石一层。铺薪其底，灼火煅之。最佳者曰矿灰，最恶者曰窑滓灰。[1]"使我们第一次了解古代石灰烧制的工艺做法。

该书也对石灰的不同用途给出了不同的掺合料配方，如糯米灰浆："灰一分，入河沙、黄土二分，用糯米、羊桃藤汁和匀，轻筑坚固，永不隳坏，名曰三合土。[2]"。而针对墓葬和储水池等防水要求严格的场所，直接给出了石灰：河沙：黄土 =1：2：2 的配比。

宋应星记录的石灰生产方式直至 20 世纪 90 年代仍有应用，之后被机械立窑生产线所取代。

《天工开物》还收录了许多关于石灰的应用，如用于舟船舱缝："凡船板合隙缝以白麻斫絮为筋，钝凿扱入，然后筛过细石灰，和桐油舂杵成团调舱。温、台、闽、广即用蛎灰。[3]"如用于蚕桑业的杀菌，卷二《乃服·蚕浴》记载："凡蚕用浴法，唯嘉、湖两郡。湖多用天露、石灰，嘉多用盐卤水。每蚕纸一张，用盐仓走出卤水二升，掺水浸于盂内，纸浮其面（石灰仿此）。逢腊月十二即浸浴，至二十四，计十二日，周即漉起，用微火烘干。"卷三《彰施·槐花》记录石灰防腐："收用者以石灰少许晒拌而藏之。[4]"

正是从《天工开物》中我们了解到历史上石灰曾经主要为干法消解，即史书中记载的"风化石灰"，这极大拓展了我们对历史上建筑石灰应用的场景可能性的设想，提出了一系列新的问题：干法消解与湿法消解有何异同？中国古代的石灰是否有水硬性？为什么干法消解在清代即完全消失？这些问题引导我们对建筑石灰的研究不断向深入推动，逐渐梳理清晰了灰作的完整技艺体系。

1.2.3 "灰作六艺"

对中国传统建筑而言，石灰在新石器时代已经用于房屋营建，使用历史贯穿了

---

1. 宋应星 . 天工开物 [M]. 上海：商务印书馆，1933:197.
2. 同 1。
3. 同 1。
4. 同 1。

整个中国建筑发展史。可能由于其显著的"低技术"特征，学术界和工程界对其关注度始终较低，对传统建筑石灰的系统研究也一直是空白。近十年来，除了对部分传统石灰砂浆进行了科学化研究外，对传统建筑石灰的应用历史和技术特征缺乏系统性梳理，也未有明晰的研究框架。

图1-4　灰作六艺图解
图片来源：戴仕炳、李晓

在研究传统建筑石灰的应用历史和技术特征时，我们提出，可以根据其原材料、煅烧工艺、消解方式、配方、技术工艺和固化机理分别讨论，以"石、煅、解、方、工、固"简写指代，以构成对传统建筑石灰的研究框架，兹命名为"灰作六艺"。其中，前五个方面是基础，最后的"固"是目标（图1-4）。

1.2.4 "灰作六艺"与《营造法式》和《营造法原》

如果从对中国古代建筑史意义的角度看，《天工开物》远不及《营造法式》（以下简称"法式"）和《营造法原》（以下简称"法原"），特别是《法式》，几乎是理解和考察中国古代官式建筑的最权威典籍，而《法原》也详细总结了至清末民初江南地区民间营造的技术措施。《天工开物》与其说是一本技术手册，更像是文人对民间工匠技术的汇编，是百科全书而非对工艺的系统总结。但仅就石灰材料和"灰作"而言，《天工开物》对"灰作"的六个方面均有记录。对我们了解古人关于这一材料的认知程度来说，《天工开物》是《法式》和《法原》所不能及的。

如前文1.1.2所述，在《法式》中，对石灰的使用仅列出了配制各种"灰"的材料组成和配比，以及简洁的"泥涂之制"等，即仅涉及"方"和"工"两方面，其余概付阙如。虽然也有以石灰作为胶粘材料的疑似记录，即"垒坯墙""垒石山""泥假山"和"壁隐假山"等部分内容，但由于这是记录在"料例"章节，只作为工程"定额"作用，是否以石灰灰浆作为胶黏剂没有明确说明。以"垒石山"条为例，仅给出"石灰，四十五斤；粗墨三斤"，据此难以判断石灰究竟发挥了何种作用。从"泥作"的"垒射垛"条看，最后有"当面以青石灰，白石灰，上以青灰为缘泥饰之"，故而综合判断，石灰应该更多还是以饰面材料出现的。

这与石灰在宋朝及之前时期的营造中发挥的作用相衬。自新石器时代龙山文化中发现的"白灰面"，至先秦文献中的"白盛"，继而一直到唐宋时期，石灰主要作为饰面材料使用，其胶粘特性极少有发挥。盖因中国古代发展出的建筑体系以木结构承重为基本特征，至于屋架层构件（如斗拱）之间通过榫卯彼此咬结，缺乏胶粘材料的应用场合。也可能至宋，人们尚未掌握大规模"煅"、"解"等技能。 至元代以后，随着制砖技术的发展导致成本降低，城墙包砖和民居砖墙开始大规模出现，石灰的胶粘性质才得以被重视。

《法原》成书是在清末民初，时间已至近代，非但传统营造技艺历明清两朝已经发展完善，自西方引入的材料和工艺也已经在营造中崭露头角。《法原》之可贵在于对江南民间营造工艺记述甚详，经祝纪楠先生整理，直可以作为以传统工艺建设江南民居的技术手册。

《法原》对石灰材料的记述极为周备，从石灰生产、燃料、消解方式、配方和工艺都有涉及，特别是对石灰窑工艺和燃料不同导致的质量差异给出了记录。同样记载也见于清代陈墓镇志（今锦溪镇）[1]，可知至少在清代晚期，工匠已经完全认识到石灰产地、窑型、煅烧时间、燃料都对石灰质量有较大影响。《法原》中石灰的记录有两个特点，其一是石灰基本是以"水沃"方式消解后形成的灰浆参与营造，其二是针对建筑不同部位不同做法给出了详细的灰浆配比。至于发挥作用的方式，《法原》在"灰及纸筋之应用"中起首即说"凡砌墙，筑脊，粉刷等靡不赖之"，可见砌筑灰浆已经成为石灰浆的主要形式。这与砖在明代开始广泛进入民居相匹配。当然，《法原》对砖瓦的记录更为详尽。

本书总结的"灰作六艺"，受《天工开物》启发甚大，但《法式》和《法原》也是我们探究中国传统建筑中石灰应用的重要文献，从"灰作"传承意义来说，本书与上述各著作是一脉相承的。

1.3　我国现代建筑石灰生产及应用研究概况

中国近现代的建筑石灰的生产可以大致分成三个阶段，第一个阶段是 1949—1958 年，这一时期，翻译前苏联大量有关石灰的著作。在 1956 年出版的石灰著作中，

---

1. 陈尚隆原纂，陈树谷续纂．陈墓镇志 [M]．见《中国地方志集成·乡镇志专辑 6》．南京：江苏古籍出版社，1992：298.

已经明确提到"水硬石灰"的概念。这一阶段的石灰，很多一部分（或许占50%）为建筑石灰。第二阶段为改革开放后（1981—2000年），开始引进欧洲，特别是德国技术。烧制仍然是粗放式。这一时期烧制的石灰中建筑石灰的占比约为1/3，主要成果之一为1992年的标准《建筑生石灰》（JC/T472—92）。这个阶段的著作几乎没有水硬石灰的概念，却存在"无熟料水泥"，如"石灰矿渣水泥""石灰火山灰水泥"等概念。按照现有文献的记载，这类"无熟料水泥"类似今天的欧洲标准内水硬性石灰中的调和石灰(formulated lime, FL)。部分文献中出现的"弱水硬性石灰"、"水泥石灰"（参见图3-1）则为不同类型的天然水硬石灰。第三阶段是21世纪后，随着大建设需要的钢材量猛增，提出需要高活性石灰。在第三阶段，建筑石灰作为一种黏合材料，几乎全部被水泥替代。石灰主要为冶金、化工等行业烧制。

但随着建筑遗产保护实践中对原材料、原工艺的日益重视，也由于使用水泥、石灰不当造成保护工程质量问题的不断出现，建筑石灰在建造特别是建筑遗产保护中又重新开始担当重要角色。20世纪50年代，在文献中出现的天然水硬石灰，在21世纪初开始引入中国，在保护实践中得到越来越多的应用。其在平遥古城夯土改性、广西花山岩画开裂岩体加固（图1-5）中取得的成功，催生了从2009年开始的文物

图1-5 采用天然水硬石灰解决了花山岩画开裂使文化遗产保护领域重新认识石灰

图片来源：戴仕炳

保护的石灰研究热潮。在天然水硬石灰的煅烧、材料开发及应用评估研究等方面取得了一系列成果。

1.4 灰作传承与发展存在的问题

一代"瓦石宗师"（罗哲文赞）刘大可先生的鸿篇巨制《中国古建筑瓦石营法》对古建工程常用的各种灰浆及其配合比、制作要点进行了系统总结。特别是将灰浆按照灰的制作方法、有无麻刀、颜色、专项用途、是否添加其他材料等进行分类。分类体系较少涉及石灰的消解，大多数是详细描述配方及工法要领。施工人员如果能够获得合适的原材料，特别是按照古代工法烧制得到的生石灰原材料，可以达到完美的修建质量。高质量建筑生石灰原材料的缺失以及传统建筑结构及所处气候环境的改变使采用传统石灰保护维护文化遗产面临挑战（图 1-6）。

由于建筑石灰的传统工艺技术在保护实践领域被忽视，有关机理的科学化研究也只是在近几年方得到重视，因此在实际保护工程中出现了违背保护原则、不正确的原材料使用、错误的施工工艺、对材料性能理解不准确不全面等问题，导致保护工程结果难以达到预期目标。

图 1-6 采用传统石灰维护文化遗产面临诸多挑战
图片来源：戴仕炳

1.4.1 存在的问题

我国目前应用到文化遗产的灰作存在较多问题，既体现在原材料的选择上，又体现在研究冷热不分、传统工艺面临失传等方面，而环保政策一刀切使得人们无法获得采用传统工法烧制的石灰。

1. 对石灰来源无法选择，没有专门烧建筑石灰的石灰窑

目前保护工程中使用的石灰多在市场采购，而市场上优质石灰的生产集中在钢铁等行业的附属企业。这些石灰的用户除建筑工程以外，主要是钢铁以及化工、塑料制品、橡胶、涂料等行业。这些行业对石灰的要求是纯度高、重视钙的含量、质量标准统一、生产环节能耗低等，与建筑石灰应用所关注的固化机理、安定性、黏结强度、结石体耐久性等质量指标完全不同。如钢铁冶炼中，石灰作为"造渣剂"影响钢水的最终质量，因此钢铁行业对石灰的质量要求是品质好、反应快、造渣彻底，这显然高于传统立窑生产的普通石灰的性能水平，因此国内各大钢铁行业如宝钢、武钢、鞍钢等均采用引进或消化外来技术自行建造活性石灰生产线。其产品的关键性能指标包括氧化钙含量高、氧化硅和氧化硫含量尽可能低、具有合适的粒度、活性高、合适的烧减率。

现代工业体系下生产的石灰质量当然高于历史上简易立窑的产品，但用于建筑遗产保护的石灰，对原材料中混入的黏土等物质并非都作为杂质看待，最终产品也并非单一追求氧化钙含量和纯净度，从本书第3、4、8章可以看出，含有一定杂质的石灰石在合适温度、合适的消解方式下可获得优质的建筑石灰。事实上，我国及国际建筑遗产保护领域已经逐渐有共识：对建筑遗产的修缮和保护，有必要以传统生产工艺和原始材料专门生产建筑石灰。但这在目前强调环境保护的政策压力下仍然只能停留在设想上。

2. 忽视不同类型石灰，特别是水硬性石灰的固化机理研究

水硬性石灰的概念首先由法国人提出，并且在19世纪随着粉磨技术发展，水硬性石灰成为水泥发明之前在欧洲大量使用的胶结材料，也正是水硬石灰的研究，寻找替代火山灰石灰的开发，催生了天然水泥及人造水泥的发明，才成就了现代建设的蓬勃发展。中国古代在北宋至明代就已经有使用具有水硬特性的石灰的记录，但中国古代并未区分气硬和水硬两种石灰，对其不同的固化机理也没有展开研究。

我国在20世纪50年代翻译苏联的石灰著作时，已经引入"水硬石灰"这一概

念。"弱水硬石灰由泥灰质石灰石在烧结温度以下进行煅烧所得之弱水硬石灰，由于碳酸盐硬化作用和水硬作用而固化。还有一种不正确的称呼为灰石灰。生石灰粉碾磨细的生石灰，具有一定的化学成分和细度。白石灰由纯石灰石在烧结温度以下进行煅烧制得的生石灰，CaO+MgO 含量等于或大于 80% 市场供应的为块状或粉状，从空气中吸水碳化后变硬"[1]。在 20 世纪 80 年代翻译的德文文献中也多次阐述水硬石灰。由于水泥工业的快速发展，初凝时间比较久、强度比较低的天然水硬石灰在中国没有得到重视，更没有一个企业生产天然水硬石灰。

目前我国对整个石灰工业体系没有科学梳理。延续几千年的工匠系统只停留在师徒授受的口口相传，间或有文人将所见所闻记录只言片字。天然水硬性石灰，和有水硬特性的石灰，在原材料构成、烧结温度等方面略有差别，在手工业生产体系下，难以控制烧结温度，进而产品质量也无从谈起，更不能依据理化指标阐明不同消解方式对石灰性能的影响。这种现象持续到现在也没有实质性改变。

根据国外文献，欧美等发达国家的水硬性石灰生产规模很大，比如法国，97%以上的建筑石灰是水硬性石灰，因其完备的生产标准和应用标准、历史悠久、性能独特，与普通波特兰水泥一样都是工程中常用的胶凝材料。在居家装饰中，水硬性石灰更受青睐。

这不仅是对历史传统的尊重或简单的发展惯性，而是因为水硬性石灰具有其他胶凝材料无法完全替代的特性，特别是与普通硅酸盐水泥相比，它生产能耗低、没有重金属污染、理论上可循环利用、全生命周期中碳排放低甚至可接近零。在施工性能方面，水硬性石灰具有较长的可操作时间，工匠容易表面塑型或处理（见第 7 章）。

与气硬性石灰相比，水硬性石灰还具有以下特点：机械强度高、硬化速度快（相对于气硬性石灰）但是慢于水泥，和易性好、与墙体有更好的附着性，透气性好可保证水蒸气交换，防水性较高、有较好的自我修复性、很好的抗冻性和抗盐性。在英国文化遗产保护领域，将石灰分成水硬性和非水硬性二类，从大量应用案例分析可知，水泥对传统建筑，特别是早期建筑的破坏大于保护。因此有必要采用天然水硬石灰代替水泥，特别是在中国文化遗产保护领域。

水泥因生产过程引入的硫、铝、铁等元素及其他重金属元素，在长期使用过程中对人体和环境的影响还难以界定，但其风化对建筑的影响已经出现，且水泥混凝

1. 布路西洛夫斯基 .J.B. 著 . 石灰的制造 [M]. 张莹，刘玉其，译 . 北京：重工业出版社，1956.

土制品难以二次利用（除了可作为填料外），以水泥基为主体的建筑垃圾再利用一直是行业难题。水硬性石灰在生产和使用全寿命周期中，从生产能耗、使用安全、综合低碳排放和循环利用方面都比水泥和气硬性石灰更有优势。

尽管水硬性石灰是一种优良的遗产保护材料，但对其性能的研究在我国还处于起步阶段。对水硬性石灰的忽视也反映在国家标准覆盖面偏窄上。根据前述中国石灰标准与欧盟石灰标准的区别，在于未将水硬性石灰纳入标准体系，国内标准中的两种石灰在欧盟标准中都属于气硬性石灰，国内标准涵盖的范围与丰富度都与欧洲有差距。

并且作为行业标准，石灰国家标准起草者单一，未能如其他国标一样有更多企业或科研单位参与，导致现行石灰国标更像一本企业技术手册，对建筑及修缮行业几乎没有任何指导意义。

3. 未能针对性地选择合适的配方和工艺

中国古代针对不同的营造工程发展了各具特色的石灰类型、灰浆配比和施工工艺，显示了不同的地域文化对营造思路的影响。其所选用的原材料和工艺，均秉持利用当地原材料、根据当地的地理环境和气候特色做出针对性的工艺配比，以及就具体工程问题施加有针对性的施工工艺（图1-7）。由于长期以来对传统技艺的忽视，这些配比和工艺缺乏系统整理和梳理，有的已经彻底失传。虽然清代的官式建筑营造和修缮中总结了二十多种的灰浆配比，可以推测仍有更多的乡土配比和工艺未能得到记录和流传。此外，对这些配比的科学性（或非科学性）尽管做了一些研究，

图1-7 缺乏对传统工艺的理化指标到缺失美学价值评估的修复（图片左部为明代灰浆，图片右部为现代修复）
图片来源：戴仕炳

但仍远远不足，重要的原因是没有给研究团队提供足够长的时间及经费保障。

在如今的遗产修复中，工程质量监督和验收执行《建筑工程施工质量验收统一标准》（GB 50300—2013），这种统一标准使得工程量判断和施工环节标准化得以量化可行，但也掩盖了保护工程不可避免的巨大地域差异，难以从操作层面对千差万别的保护问题作出有针对性的回应。

4. 以偏概全，重视微观，忽视宏观

重点表现在石灰类型的选择、配方的简单化等。始于 2010 年前后的天然水硬石灰研究热潮导致水硬性石灰应用的泛化，出现追求高强度水硬石灰黏合剂、忽视我国大量遗产建筑及不可移动文物的材料本身强度低或风化后与保护修复材料接触界面强度低的事实。应该针对遗产材料本身特点、所处的气候环境、修复后达到的要求等，选择从气硬性到水硬性的不同类型的石灰。如黏土含量高的土的改性采用气硬性石灰就能达到强度等要求，而含粉砂高的土才需要水硬性石灰。欧洲的经验（见第 7 章及附录 C）说明，大量的保护工程使用欧洲标准定义的天然水硬石灰 NHL2 就能满足强度要求，甚至没有被标准接纳的具有水硬性但 28 天抗压强度达不到 2MPa 的石灰也能满足保护要求。只有在结构加固或需要满足耐冻融、耐硫酸盐腐蚀要求的环境下，才需要高强度、快硬的如 NHL5 这类天然水硬石灰。在配方方面钻牛角尖导致的微观化，忽视了建筑石灰作为建筑材料应该有的宏观研究，忽视了整个灰作历史。

5. 实际工程的表面文章

官方层面虽然强调文化遗产修缮维护采用传统材料，但实际工程往往存在可视部位采用传统石灰，不可视部位采用水泥的操作，对历史材料导致损坏（图 1-8）甚至产生结构安全隐患。

图 1-8 某坍塌明长城修缮采用水泥砂浆砌筑，石灰勾缝导致砖的损坏（左为宏观，右为细部）
图片来源：戴仕炳

1.4.2 未来方向

1. 对历史灰浆进行系统研究

我国应对残存的历史灰浆进行系统的岩相学、矿物学（XRD、FTIR）、差热分析化学、主要化学成分（如氧化钙、氧化镁、二氧化硫等）、有机物、水溶性盐分等研究，确定古代灰浆的矿物相，特别是从固化机理角度研究不同组分的作用，从主要成分（如氧化钙、氧化镁含量、疑似水硬性组分的黏土硅质等含量）研究石灰的类型。同时应该研究在特殊气候环境下的传统石灰的耐久性，分析建筑遗产病害与建造期和后期维修使用的石灰之间的关系。

举例而言，对明代部分长城石灰的主要组分研究发现，有很大一部分长城，特别是北京到河北遵化的明代长城是采用镁质石灰建造的（图1-9—图1-11），化学成份上表现为 MgO 含量 ≥ 5wt%。镁质石灰具有强度高、低收缩、高致密性等优点，可能在明代建造期间刻意选用的石灰类型。但是镁质石灰在现代大气污染环境下产生的水溶性盐分对长城的破坏起到加速作用，也影响了修复长城新材料的耐久性。

2. 建筑考古学及建筑石灰类型科学研究

古代采用的石灰大多数距离产地不远，对重要的遗产地，如明代长城、贵州海龙屯等应针对不同地段、不同部位石灰的类型（如石灰混凝土）、传统工法等进行研究，采用应用地球化学等学科技术手段，查明石灰来源地。

图 1-9 显微镜研究显示镁质石灰与钙质石灰的区别（上部为山西新广武钙质石灰，下部为北京司马台——八达岭镁质石灰）
图片来源：戴仕炳和 Tanja Dettmering

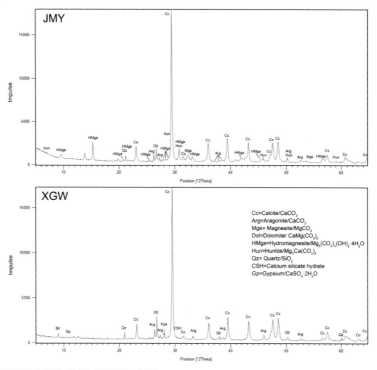

图 1-10 XRD 研究区分镁质石灰（上图）和钙质石灰（下图）

图片来源：Dettmering & Middendorf

Cc= 方解石 $CaCO_3$；Arg= 文石 $CaCO_3$；Mgs= 菱镁矿 $MgCO_3$；Dol= 白云石 $CaMg(CO_3)_2$；HMgs= 水菱镁矿（$Mg_5(CO_3)_4(OH)_2.4H_2O$）；
Hun= 碳酸钙镁石 $Mg_3Ca(CO_3)_4$；Qz= 石英 SiO_2；CSH= 钙硅酸盐水合物；Gp= 石膏 $CaSO_4 \cdot 2H_2O$

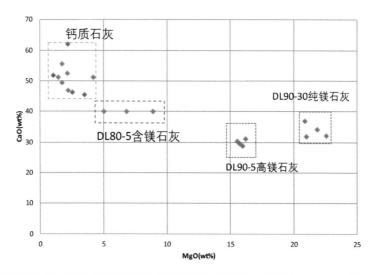

图 1-11 部分明代长城灰浆的主要化学成分分析结果显示，长城建造采用的灰浆有很大一部分为镁质石灰（DL=ML，为镁质石灰）

图片来源：戴仕炳

我国古代，即使是近代，采用的石灰类型及配比很少有科学计量，而且石灰灰浆在固化过程及固化后，自身或与周围材料会发生一系列化学、矿物相等变化。目前对石灰短期固化过程的研究较多，而长期固化（如镁质石灰的固化）及固化后发生的变化，特别是经过数百年后的变化结果的研究，却是空白。参照现代科学分类的建筑石灰类型的科学研究对理解古代采用的石灰类型、配比、固化机理等具有科学价值外，对理解中华科技文明史具有重要意义，更会对现代遗产的科学保护具有指导意义。建筑石灰类型（高钙石灰、镁质石灰或水硬性石灰等）及其来源考证在宏观层面要利用地质矿床学成果，研究方法除了采用前述的岩相学、矿物学等外，痕量元素（如稀土元素）、微量组分的分析也非常重要。

3. 利用旧灰窑重启传统烧制

根据我们近十年对文化遗产地采用的石灰类型及相关问题研究，非常赞赏张嘉祥先生于 2014 前后提出的"就文化资产角度，这些旧灰窑其实是过去营建方式以及住居文化之见证，这些灰窑不但须加以保存，更须置入活化之概念。在诸多活化方式中，若能选择部分旧灰窑加以整修，并定期烧灰，则此过程将具有下列几层意义：

· 传统营建文化中最为重要的石灰材料，其烧制过程将得以重现。

· 透过人员之参与操作执行，传统烧灰过程（包括前置处理、必要设施以及相关烧制技术）将得以传承。

· 透过完整之过程影像记录，可建立珍贵之传统石灰生产及有关生活文化教材。

· 烧制之生石灰可提供国内古迹修复工程之用。

估计此项传统烧灰过程，最大的困难点在于环保限制，因此必须在政府相关部门之特许制度下，定期定点执行。在选择灰窑时，对灰窑所在区位环境必须做周详评估，尤其对于减少烧制产生的黑烟和污染影响范围做充分考虑：另外，烧制的时间须考虑季节风向及下风小区环境，避免烟尘直接吹向居住人口密集之都市地区。"

我国大陆存有较多的石灰窑（图1-12），部分也已列入不可移动文物保护单位，利用、活化是最好的选项之一。采用现代空气净化技术，废气及粉尘均可以收集，可有效避免造成环境影响。

4. 建筑古迹修复有关设计标准有待提升

由于具有丰富技术经验的技工缺乏，也出于对保护传统工艺的需求，保护修复方案中对涉及原材料加工工艺的应细化。仍引张嘉祥先生文：

图 1-12　大量关停的石灰窑应列入利用活化的对象（贵州）
图片来源：戴仕炳

"目前古迹修复的图书对于木作部分不论是构造图或材料施作规范一般都较详细，但对于灰作部分则通常较粗略，尤其壁体抹灰通常只在图上注明"白灰壁修复"或"白灰壁重新粉刷"，至于其材料及工法过程则常被忽略。例如石灰来源是使用生石灰或工厂买来之消石灰，养灰过程、灰泥添加物及抹灰过程底涂中涂面涂之施作细节，等等，皆很少明确规范，在此状况下，建造过程质量将很难要求，而修复后发现不妥或受到批评质疑时，也很难补救；更重要的是传统灰作之材料及工艺特质将很难确保，甚至逐渐在历次修复过程中消失（被现代快速之工法以及不适合之工业新材料所取代）。"

5. 传统灰作工艺传习之必要性

材料和工艺的最终施用仍然需要修复工程人员的正确操作，相对于遗产保护界对木作和石作的重视，对灰作工艺的传习，目前几乎还是空白。张嘉祥先生也呼吁：

"本项传习可选择古迹修复工地，延聘资深传统灰匠师（文资局列册传统匠师）来讲解并实际示范其工艺作法，包括壁面抹灰、平顶抹灰、各式线版制作，以及线脚拖行…等。参加传习者须为年轻资浅之匠师，并在过程受所聘请资深匠师之指导。

目前国有灰作、瓦作研习营之举办但研习营多针对日式（如日式瓦作日式灰作），且研习性质偏属推广式，参加者因人数多，背景各异，过程参加者主要为听讲观摩，无法深入操作及实务学习。本项传统传习应结合实际工地来进行，传习成果也就是修复成果，效益双重，且过程现地情境效果对指导之资深匠师以及参加传习者都会带来相当正面之互动效应。"

6. 稳定机构、复配科学研究及长期观察

现有的有关的灰作研究大部分是项目或课题性质，一个项目或课题的时间为3～5年。大部分的课题结束后，研究人员不再或不能对这类研究继续深入，或出于其他原因，较少对在不同气候环境下的不同建筑石灰的性能变化进行分析。因此需要一个稳定的机构在理解系统技艺基础上对传统配方进行复配，并追踪至少10年，以获得长期耐久性的一手资料。同时要对现有的采用不同石灰修复的已完成项目进行评估，为更科学地保护提供基础资料。研究工作的完成单位应由大专院校、科研院所和材料生产、设计施工等组成，使研究成果不脱离我国文化传统，服务当代实践。

1.5 思考题

(1) 如何评价石灰在近现代建筑活动中使用量的变化？
(2) 如何看待水硬性石灰在中国的"姗姗来迟"？
(3) 我国传统营造中的八大"作"为什么没有"灰作"？
(4) 建筑石灰在中国如何复兴？

第 2 章　"固"与建筑石灰分类

固，按照清代段玉裁《 文解字注》，四塞也。四塞者 罅漏之 也取《天工开物》之"轻筑坚固"之"固"。

本书将灰作的核心要点归结为"固"，一是工程设计的出发点为坚固，是建筑石灰研究的目的所在，"坚劳曰固"，牢固持久是现代建成遗产修复的科学追求。二是达到坚固、牢固的科学原理，即石灰"固"化以及石灰与既有材料达到兼容的机理。

我国古代对建筑石灰的固化现象及机理描述是文字性的，缺乏科学公式及定理指标。 欧洲 18 世纪研究发现石灰的"固"化机理存在区别，1818 年法国人 Vicat 提出了水硬性石灰的概念，并促成了 19 世纪中叶现代水泥的发明。欧洲建筑石灰的分类体系将建筑石灰首先分为"气硬"与"水硬"，所谓"气硬"石灰是需要空气中的二氧化碳才能硬化的石灰，在水中，"气硬"石灰无法固化。"水硬"则是在水中可以固化的石灰。考虑到水硬性石灰的生产工艺、传统及固化速度、强度，又将水硬性石灰分成天然水硬石灰、调和石灰和狭义水硬石灰。与水泥不同的是，"气硬"对"水硬性石灰"的固化仍起促进作用。

描述坚固与耐久性的机械物理性能、矿物学化学指标尽管很复杂，但是无外乎强度、弹性模量、耐冻融等。不同类型的建筑石灰固化速度及最终强度差别巨大，影响建筑石灰固化的因素也非常复杂，主要有温度、湿度、干湿循环等。

本章"固"，侧重分析石灰"固"化机理及固化过程的影响因素。固化后的耐久性也在本章有所讨论。如何从配方、工艺等角度达到最佳效果，请参见第 6、7 章。

2.1　我国古代文献中有关石灰固化与耐久性的记述

建筑石灰无论是作为夯筑改性材料还是砌筑灰浆黏合剂，无论是在建造过程还是建造完成后，它的存在一方面使得建造更为可行，另一方面使得建筑更加稳固长久，遮风避雨的功效也得以加强。《天工开物》中即有"成质之后，入水永劫不坏"，以及"轻筑坚固，永不隳坏"等略为夸张的描写。中国古人虽未能认知石灰的固化机理，但并不妨碍其对掺加石灰后所营造的坚固构筑物的感性认知，历代都有所记载，下文仅略举数例加以说明。

南宋朱熹在《家礼》中介绍的墓室和棺椁防腐防潮措施"作灰隔"，就是对石灰坚固特性的记录："穿圹即毕，先布炭末于圹底，筑实，厚二三寸，然后布石灰、细沙、黄土拌匀者于其上。灰三分，二者各一可也。筑实，厚二三寸，别用薄板为灰隔，如椁之状。……石灰得沙而实，得土而粘，岁久结为金石，蝼蚁盗贼皆不能进也。[1]""灰隔"又称"灰椁"，系以三合土或者石灰糯米汁灌注而成，将整个棺椁和墓室包裹成一个坚固密实的整体。"石灰得沙而实，得土而黏"的描述，是工匠的经验积累。明代戚继光在《止止堂集》中也记载了其观察到的前人之修筑："池际咸甃以砖，又以桐油和灰，坚尚如石。[2]"清乾隆时期徐州加固石堤的《工程纪闻》曰："原无石工之处，一律增筑，加用米汁石灰，周遭固筑，更无不到之处，徐州安如磐石。[3]"清代徐家乾在《洋防说略》记载："三合土者，五成石灰、三成泥、二成沙，加糯米汁拌匀，以八寸捣至二寸为度，干坚逾铁，钢弹可抵。[4]"

到晚清时期，为巩固海防修筑要塞，糯米拌和石灰和黏土的三合土仍是重要修筑材料。李鸿章为修建大沽口炮台在《津郡新城竣工折》中写道："复以内地城垣炮台皆以砖石砌成，质坚而脆，炸炮轰击，易于摧裂。新城既专为海防而设，必以力求坚厚、堵御炮火为要。拟参用泰西新法，并以石灰、沙、土三项加糯米糁和为三合土，捶炼夯碛打成一片，俾可坚固耐久。又因需石灰太多，远道购运费力，询之渔户居民，佥称海滨蛤蜊可以烧灰，功用与石灰相称，用费较省。因即雇集渔艇在沿海各处载运，自砌灰窑数十座广烧应用。[5]"此例即指出石灰三合土的坚固，也证明用蛎壳烧制石灰在沿海地区是延续几千年的传统（见本书第 3 章第 1 节）。

以上仅为文字记述，但考古遗址发现和史料能对应的也为数不少。如史书对于五胡乱华时期赫连勃勃修建的统万城多有记载，言其城墙"色白而牢固[6]"，"其坚可以砺刀斧[7]"；"紧密如石，劚之，皆火出[8]"；"基如铁石，攻凿不能入[9]"，等等。而今，统万的白色城墙在毛乌素沙漠中矗立近 1600 年不倒，证明史书所言非虚。经检

1. 朱熹 . 家礼 [M]. 纪昀等，总纂 . 影印文渊阁四库全书 . 台北：台湾商务印书馆，1983(142)：557.
2. 远文如 . 遵化文史资料大全（下）[M]. [出版地不详]：[出版者不详]，2013：296.
3. 康基田 . 河渠纪闻 [M]. 清嘉庆霞荫堂刻本 . 卷 23：761. 见爱如生中国基本古籍库 .
4. 徐家乾 . 洋防说略 [M]. 清光绪十三年刻本：11. 见爱如生中国基本古籍库 .
5. 李鸿章全集 [M]. 吉林：时代文艺出版社 .1998：1147.
6. 李吉甫 . 元和郡县图志（第一册）[M]. 北京：中华书局，1983：100.
7. 李延寿 . 北史（第十册）[M]. 上海：上海古籍出版社，1974：3066.
8. 沈括 . 新校正梦溪笔谈 [M]. 胡道静，校注 . 北京：中华书局，1957：121.
9. 王钦若，等 . 册府元龟（第六册）[M]. 北京：中华书局，1960：5200.

测分析，统万城墙夯土的主要成分是石英、黏土和碳酸钙（推测还应含有一般难以检测出的水合硅酸钙凝胶），即沙粒、黏土和石灰所形成的"三合土"。同类工程又如明代南京城垣，据《凤凰台记事》所载："筑京城用石灰、秫粥锢其外，上时出阅视，监掌者以丈尺分治。上任意指一处击视，皆纯白色，或稍杂泥壤，即筑筑者于垣中，斯金汤之固也。[1]"朱元璋对工程质量多次进行检查，所见夯土皆呈纯白色固然夸张，但夯土内掺入石灰应确凿无疑。同时期修建的明中都，据说也采用了类似的糯米灰浆，虽历经数百年，仍坚硬如铁（图2-1）。

2.2 基于硬化机理的现代建筑石灰分类

古代各大文明都有使用石灰的悠久传统。但是，普遍都认为白色的石灰才是高质量的高强的石灰。古罗马人将火山灰添加到白石灰中制造出高强度石灰混凝土而深刻改变了欧洲建筑技术及艺术。经18世纪欧洲现代实验化学、矿物学等的研究揭示，石灰的固化可以通过空气而固化，气硬也被叫作碳化（二十世纪五十年代也称作碳酸盐化），另一种石灰则可以在水中固化。这个硬化早期是通过添加火山灰

图2-1 1：低强度三合土；2：明清时期的"石灰混凝土"天井地面（安徽宣城，强度约20MPa，）；3：高强度石灰砌筑灰浆（安徽凤阳明中都，强度约10MPa）
图片来源：戴仕炳

---

1. 马生龙. 凤凰台记事 [M]. 北京：中华书局，1985: 2.

或砖粉／碎（图 2-2）或中国古建筑的砖面等获得的。这类灰浆在英国现在被称为 B 类砂浆（见本书 6.6 及附录 C），以有别于天然水硬石灰砂浆。含有泥质的石灰岩一直被认为低质量的石灰原材料，1756 年，英国人发现泥质灰岩烧制的石灰有耐水性，故称作为水石灰（water lime）。1818 年，法国人第一次提出了水硬性石灰的概念。这些研究成果为现代建筑石灰的分类、应用，特别是如何避免犯错提供了保障（图 2-3）。

2.2.1 气硬性的概念

石灰的气硬就是指石灰固化时需要空气，更准确说需要在二氧化碳（CO_2）气体参与作用下而固化。

高钙气硬性石灰的固化反应如下：

$$Ca(OH)_2 + CO_2 + nH_2O \rightarrow CaCO_3 + (n+1)H_2O \quad (f1)$$

这一反应是必须有二氧化"碳"参与才能发生，也叫作"碳化"反应，或碳酸化反应。因此，储存在石灰池中的石灰，只要表层有水隔绝空气，池里的石灰便数年内不会固化，因为二氧化碳（CO_2）在水中的溶解度很低，扩散速度非常缓慢。

而镁质或白云质石灰的固化反应比较复杂，其中包括钙质成分的碳化（$f1$），还包括方镁石的水解及水镁石的碳化：

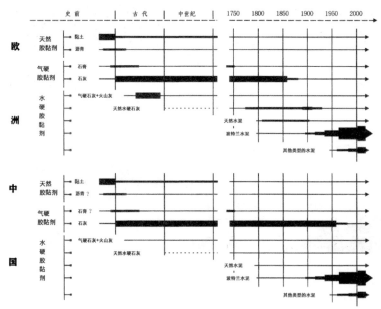

图 2-2 欧洲及中国使用建筑石灰简史
图片来源：戴仕炳综合整理

图 2-3 持续潮湿环境下外墙体采用气硬性石灰的批荡（抹灰）三年后仍然没有固化
图片来源：戴仕炳

$$MgO(方镁石) + H_2O \rightarrow Mg(OH)_2(水镁石) \quad (f2)$$
$$Mg(OH)_2(水镁石) + CO_2 + H_2O \rightarrow MgCO_3(菱镁矿) + 2H_2O \quad (f3)$$

此外，由于镁质或白云质石灰的氧化镁（方镁石）的水解极其缓慢，在碳化过程中，可以发生水解而弥补石灰的收缩。在明代长城墙体中发现未碳化的水镁石。完全固化后，镁质石灰砂浆的强度明显高于纯钙质石灰砂浆（图 2-4）。

2.2.2 水硬性的概念

水硬性（hydraulic setting）是指石灰等无机黏合材料在只有水存在的情况下可以固化的现象。

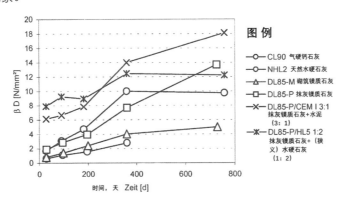

图 2-4 镁质石灰具有较高的抗压强度，部分甚至高于天然水硬石灰 NHL2，部分镁质石灰强度在 1 年后仍然持续增长
图片来源：IFS-Bericht Nr.16: Umweltbedingte Gebaeudeschaeden an Denkmaelern durch die Verwendung von Dolomitkalkmoerteln, Mainz, Germany,2003)

这种固化的成分的来源有两种，一种源自石灰等本身，如低温（900℃～1150℃）烧制的石灰中含有硅酸二钙（$2CaO \cdot SiO_2$），其遇水时生成水化硅酸钙而固化，反应过程如下：

$$2CaO \cdot SiO_2 + nH_2O \rightarrow xCaO \cdot SiO_2 \cdot yH_2O + (2\text{-}x)Ca(OH)_2 \ (f4)$$

另外一种源自添加到石灰中的活性组分，包括自然产物，如天然的火山灰、低温烧制的黏土（砖）等，也包含现代工业产物粉煤灰、硅微粉等。在存在水的前提下，石灰和这些活性组分发生水硬性反应：

$$2SiO_2 \cdot nH_2O + 3Ca(OH)_2 + mH_2O \rightarrow 3\,CaO \cdot 2SiO_2 \cdot 3H_2O + nH_2O \ (f5)$$
$$2Al_2O_3 \cdot nH_2O + 3Ca(OH)_2 + mH_2O \rightarrow 3\,CaO \cdot 2Al_2O_3 \cdot 6H_2O + nH_2O \ (f6)$$

这一类在水中能固化的石灰统称为具有水硬性的石灰（lime with hydraulic properties，简称水硬性石灰）。水硬性石灰的水硬性只源自其原材料，这种固化是指只添加水，不添加任何其他物质的"清浆"在水中发生的固化。而自身在水中不能固化，只有添加骨料、活性伴侣等才能在水中固化的石灰，仍然是气硬性石灰。

根据这种固化的机理，英国将石灰砂浆（注意：不是石灰）分成三类：第一类（A 类）是采用气硬性的石灰膏加砂、土等配制的石灰砂浆；第二类（B 类）为气硬石灰添加活性组分（如火山灰）配制出的砂浆（可以理解成人工配制出的水硬性砂浆，如罗马混凝土）；第三类（C 类）由天然水硬石灰加砂、土，添加或不添加活性组分的砂浆，可以理解成纯天然水硬石灰砂浆。这种分类对指导实践具有重要的意义。这三类砂浆的配比及运用导则见附录 C。

f5 和 f6 的反应也发生在石灰改性土或传统的三合土的体系，当三合土中有足够的黏土（10%～15%，质量比），石灰可以将黏土改造成类似水泥的黏合剂而加固土。三合土达到理想强度甚至达到耐冻融的四个必备前提是：

（1）足够量的石灰；

（2）潮湿的环境；

（3）和二氧化碳隔绝的状态；

（4）时间。

2.2.3 现代建筑石灰的分类

2.2.3.1 我国现行建筑石灰分类

我国 2013 版建筑石灰的标准基本沿续着 1992 年版我国对建筑石灰的分类与认

表 2-1 我国 2013 年建筑石灰标准分类及主要评判指标

类别	名称及代号	氧化钙 + 氧化镁（CaO+MgO）含量	氧化镁（MgO）含量
钙质生石灰	钙质生石灰 90，CL90	≥ 90%	≤ 5%
	钙质生石灰 85，CL85	≥ 85%	
	钙质生石灰 75，CL75	≥ 75%	
镁质生石灰	镁质生石灰 85，ML85	≥ 85%	> 5%
	镁质生石灰 80，ML80	≥ 80%	
钙质消石灰	钙质消石灰 90，HCL90	≥ 90%	≤ 5%
	钙质消石灰 85，HCL85	≥ 85%	
	钙质消石灰 75，HCL75	≥ 75%	
镁质消石灰	镁质消石灰 85，HML85	≥ 85%	> 5%
	镁质消石灰 80，HML80	≥ 80%	

识，以氧化钙和氧化镁含量直接命名各亚类石灰品种（表 2-1）。所有这些石灰均为气硬性石灰。水硬性石灰的标准在本书完稿时仍在讨论制定中。

2.2.3.2 欧洲石灰分类

有悠久使用、研究、应用评估历史的欧洲将建筑石灰分成二类：气硬性石灰与具有水硬性的石灰（表 2-2）。

欧洲气硬性石灰与我国类似，代号不同，特别是镁质石灰，我国采用 ML（生石灰）或 HML（消石灰），而欧洲采用是 DL，为 dolomitic lime 的缩写。此外，欧洲标准中还保留了 DL90 的白云质石灰这一类型。气硬性石灰的状态可以是膏状，也可以是粉末，取决于消解方式。研究还证明，陈年的膏状气硬钙质石灰要比粉状钙质石灰的强度高（见第 7 章）。

具水硬性的石灰按照其生产流程、原材料来源及组成分成了三类（表 2-2），分别为天然水硬石灰（natural hydraulic lime，NHL）、调和石灰（formulated lime，FL）和狭义的水硬石灰（hydraulic lime，HL）。但是考虑到文化遗产保护及石灰使用传统，建议应在天然水硬石灰一类中添加 NHL1 低强度的天然水硬石灰（表 2-2）。

表 2-2　基于欧标 2015 版的适用文化遗产保护的建筑石灰分类建议

石灰类型 Type	亚类及技术要求 Sub-type and specification		代号 Symbol	28 天抗压强度 (MPa) Compressive strength in 28d
气硬性石灰 Air Lime(hydrated lime)	钙质石灰 Calcium Lime		CL	—
	镁质石灰 Dolomitic Lime		DL	—
具水硬性的石灰 Lime with Hydraulic Properties	天然水硬石灰 Natural Hydraulic lime	由天然泥灰岩烧制、消解而成，不添加任何助剂	NHL1*	0.5～2
			NHL2	2～7
			NHL3.5	3.5～10
			NHL5	5～15
	调和石灰（Formulated Lime）	指添加各种石灰、水泥、矿渣、硅微粉等配制出的具水硬性的石灰，当水泥含量大于 10% 必须标注	FL2	2～7
			FL3.5	3.5～10
			FL5	5～15
	（狭义）水硬石灰 Hydraulic lime	由活性组分等生产的非天然水硬性石灰，如火山灰石灰	HL 2	2～7
			HL3.5	3.5～10
			HL 5	5～15

*: 未列入标准，但作者建议添加的

天然水硬石灰（NHL，注意：这里没有"性"）定义为含有一定量黏土或硅质的石灰岩经煅烧后消解而成的粉末。所有的天然水硬石灰都具有水硬性，空气中的二氧化碳能对硬化起促进作用。采用天然的含有硅质或泥质的石灰岩，经煅烧后（温度 900°C~1200°C，低于水泥烧成温度），经过或不经过研磨消解而成。若因研磨而需添加研磨介质，添加量不超过 0.1%，同时不允许添加其他任何材料于天然水硬石灰中。这样生产的天然水硬石灰主要由硅酸二钙（$2CaO \cdot SiO_2$，简写成 C_2S）、熟石灰 $Ca(OH)_2$、少部分硅酸三钙（$3CaO \cdot SiO_2$，简写成 C_3S）、铝钙石、铁钙石、少部分硅酸三钙、部分没有烧透的石灰石 $CaCO_3$ 及少量黏土矿物、石英等组成。

调和石灰（FL）主要是由气硬石灰、天然水硬石灰和具有水硬性的活性组分，如火山灰等配制而成的水硬性石灰，不含或含少量水泥，按照 2015 年欧洲标准 EN459-1 的要求，调和石灰必须标明它的成分，如是否添加有水泥等。只要除天然水硬石灰外的外加某单一组分含量超过了 5% 或者外加的其他组分的总和超过了 10%，就应该定义为调和石灰。天然水硬石灰和调和石灰是目前的研究热点。

水硬石灰(HL)是狭义的概念,由气硬性石灰(或天然水硬石灰)添加水泥、粉煤灰、硅微粉、石灰岩粉等组成的石灰，按照最新欧盟工业标准 EN459 要求，生产厂家没有义务标明狭义水硬石灰的主要成分。这类石灰主要应用于大量民用建筑工程，如用于砌筑、抹灰等。文化遗产保护修缮领域不适合采用狭义的水硬石灰。

　　水硬性石灰以水硬性（水合作用）固化为主（表 2-3），但是碳化作用也为水硬性石灰的固化起到积极作用。

　　必须要说明的是，这种分类主要是方便石灰生产企业区别产品而进行的一种简单的处理，特别是水硬石灰的强度非最终强度，其最终强度有时需要 2 年以上。实际工程中的灰浆（砂浆）性能除了和使用的石灰类型有关外，更与配方（本书第 6 章）设计有关，也和施工工程的处理方式（本书第 7 章）有关。

表 2-3　不同石灰的水合与碳化作用的比例

无机胶凝材料类型	水合作用	碳化作用	28 天抗压强度（MPa）
气硬钙质石灰	0	100%	0.5～3
NHL2	45%～50%	50%～55%	2～7
NHL3.5	75%～80%	20%～25%	3.5～10
NHL5	80%～85%	15%～20%	5～15
波特兰水泥	100%	0	≥35

2.3 "固"之机械物理指标及其影响因素

"固"的机械物理指标包括描述固化开始的时间、固化过程及完全固化后的机械力学性能等。参数可以是抗压强度、抗折强度、抗拉强度、弹性模量等。

2.3.1 凝结时间

表示石灰砂浆凝结特征的参数，尽管是参照水泥砂浆的检测标准，但是标定不同类型的石灰仍然具有参考价值。石灰砂浆的凝结时间有初凝与终凝之分。自加水起至石灰浆开始失去塑性、流动性减小所需的时间，称为初凝时间。自加水时起至石灰砂浆完全失去塑性、开始有一定强度所需的时间，称为终凝时间。不同类型的石灰及水泥的初凝与终凝参见表 3-4。

2.3.2 强度

描述石灰强度的参数有抗压强度、抗折强度、抗拉强度等，由于石灰具有不同程度的收缩，很多情况下，石灰与其周围材料的附着力（视觉表现为是否开裂，物理指标为拉拔强度）比单纯的抗压强度具有更重要的意义。这些均为有损检测方法。

另一个使用频率较高的参数为弹性模量。弹性模量可视为衡量材料产生弹性变形难易程度的指标，其值越大，使材料发生一定弹性变形的应力也越大，即材料刚度越大，亦即在一定应力作用下，发生弹性变形越小。弹性模量小，韧性相对较好。常规的弹性模量检测方法是通过材料试块在抗压、抗弯时材料的力值与变形量计算得出。

常用的弹性模量无损检测方法为超声波检测法。超声波波速本身可标定石灰（砂浆）性能，同时可换算出动态弹性模量。石灰的固化是一个缓慢过程，它的弹性模量随着时间会逐渐增加，纯的消石灰经完全碳化后，最终也会变得较脆，因此石灰作为抹灰材料时，通常会加入一些稻草、麻丝等纤维以增加韧性。

2.3.3 气硬性石灰的机械物理强度及其影响因素

气硬性石灰的强度产生包括干燥硬化、结晶硬化和碳酸化等过程。干燥硬化是石灰颗粒中的水分蒸发散失，从而产生毛细压力，促使了石灰颗粒之间聚集和相互黏结，最终形成凝结结构的空间网。结晶硬化是由水分的不断蒸发引起的 $Ca(OH)_2$ 过饱和而结晶析出，加强了颗粒间的结合，胶体的凝结结构逐渐转变为较粗晶粒的结晶结构网，从而使强度进一步提高。

碳酸化过程是氢氧化钙与空气中的二氧化碳反应生成碳酸钙晶体并释放水分的过程（f1）：

$$Ca(OH)_2 + CO_2 + nH_2O \rightarrow CaCO_3 + (n+1)H_2O \quad (f1)$$

该碳化反应生成的 $CaCO_3$ 不溶于水，结晶状态从隐晶质到霰石、文石到方解石，越来越稳定，强度增加，且 $CaCO_3$ 晶粒或是互相共生，或与石灰粒子或沙粒共生，从而提高强度。同时生成的 $CaCO_3$ 固相体积略大于 $Ca(OH)_2$ 固相体积，使得石灰浆体密实度提升，从而使之坚固。当表面碳酸钙层厚度逐渐增加到一定厚度时，阻碍了空气中 CO_2 气体的进入，也阻碍了内部水汽的散失，从而导致固化变得十分缓慢。因此，气硬性石灰的早期强度很低，28 天内 1：3 的标准石灰砂浆抗压强度只有 0.2 ～ 0.5MPa。

碳化的速度及程度决定了气硬石灰的主要性能。

参照 CO_2 在无机固体材料中的扩散定律（Fick 定律），石灰的碳化速度与时间的平方根成正比：

$$Y = c\sqrt{t} \quad (f7)$$

式中，c 主要与石灰材料的密实程度及相对湿度等有关。例如在广西花山岩画保护研究中，根据实际测量得到的碳化深度，可以计算出天然水硬石灰封口黏结料的 c 值大约为 0.9 ～ 1.2。

施工后的灰浆（砌筑、抹灰等）必须保障足够的通风从而保障 CO_2 的量。CO_2 无法到达的部位，如被致密的石材、不透气涂料等隔挡，或处在密封环境（如地下室、墓室），空气进不去，碳化反应将不能正常发生，气硬性石灰不会固化。基于气硬性石灰固化特征而制定的具体施工技术要求见本书第 7 章。根据张云升等的实验验证 CO_2 碳化对气硬性石灰固化的影响，在自然条件下养护 28 天龄期的抗折强度和抗压强度比在高浓度二氧化碳（碳化箱）中养护 28 天的低，而且部分试件在自然条件下养护 180 天的强度还不如碳化箱中养护 3 天后的强度。实际施工过程中，通过通风或在古代欧洲通过烧木柴等增加温度和二氧化碳有助固化。

需要说明的是，二氧化碳必须首先溶解在水中变成碳酸（f1）才能和氢氧化钙发生反应，在极其干燥的地区如我国西部或北方夏秋季施工，必须喷水或保湿养护才能保证石灰的正常碳化。

传统的做法有添加糯米汁、杨桃汁、猪血等有机改性材料来增加石灰材料的黏结强度或可施工性。含有这些有机物的气硬石灰的固化特征比较特别。含糯米浆试件较纯石灰浆试件均易碳化，而且掺 30% 糯米浆的试件最易碳化。含熟桐油试件 7 天龄期后均较纯石灰浆试件难碳化，应与熟桐油掺入有关，是因为在灰浆结构中出现大量的熟桐油分子，其不溶于水，防止水的渗透，降低孔隙中的水含量，致使二氧化碳与氢氧化钙不能完全溶解于孔隙水膜中，碳酸钙的生成速率就会减缓。含血料试件 7 天龄期后也较纯石灰浆试件难碳化，而且随着血料掺量的增大，碳化越难。血料的掺入易导致灰浆试件生成较多的封闭小孔，当相对湿度接近 70% 时，孔隙水易形成大量的水膜，限制二氧化碳的渗透，甚至将毛细孔完全阻塞，二氧化碳在水中的扩散速率较空气中慢，自然也减缓了血料灰浆的碳化速率。

此外，温度、相对空气湿度对气硬石灰的固化有重大影响。近代实验室研究及实践证明，高湿度或极干燥的的环境不利于石灰的固化。由于二氧化碳在水中的扩散速度很缓慢，气硬性石灰的碳化在高湿度环境下不能够正常完成。理想的相对空气湿度为 60±5%。当相对空气湿度低于 30% 时，由于空气中二氧化碳不能形成碳酸，碳化作用也不能发生。

一般来说高温（20℃~30℃）环境有利于石灰的固化。低于 5℃~10℃ 时，石灰固化的速度极其缓慢。

2.3.4　添加火山灰的气硬性石灰的固化

将火山灰或具有活性的黏土砖面添加到气硬性石灰中增加灰浆强度及耐水性是传统工法。这类石灰的固化和水硬性石灰类似。特别是相对空气湿度对其固化有很大的影响，高湿度有利火山灰石灰的固化（图 2-5）。而干燥的气候环境（如相对空气湿度为 35% 时），不利于火山灰石灰的固化。

2.3.5　天然水硬石灰的机械物理强度及其影响因素

过去 20 年全球对天然水硬石灰进行的系统研究发现，按照 28 天强度进行分类的天然水硬石灰其最终强度和其类型几乎不相关（图 2-6）。在养护条件合适的前提下（如前三天干燥，然后处于干湿循环的养护条件下），NHL2 可以达到和 NHL5 相同的强度，35 天抗压强度均超过 10MPa。这一点对选择石灰类型尤为重要。天然水硬石灰最有利的固化环境是前三天干燥，让拌合水挥发掉，然后再干湿循环。一直干燥的环境不利于天然水硬石灰的固化。这一点在北方地区或夏季使用天然水硬石灰时需特别注意。

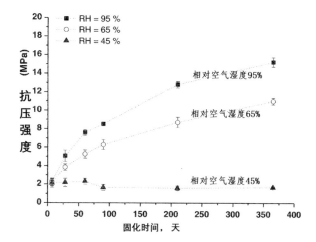

图 2-5 相对空气湿度对火山灰石灰固化的影响

图片来源：Grilo.J,Faria.P, Veiga.R,Santos Silva.A,Silva.V ,Velosa.A.New natural hydraulic lime mortars – Physical and microstructural properties in different curing conditions[J], Construction and Building Materials, 54 378-384(http://dx.doi.org/10.1016/ j.conbuildmat.2013.12.078), 2014)

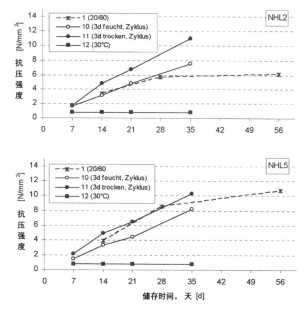

图 2-6 不同天然水硬石灰在不同实验室温湿度条件下的强度变化

（说明：1 为 20°C、相对空气湿度为 60% 的养护条件；10 为 3 天湿养护，即 20°C+ 相对空气湿度为 90% 的养护条件；然后 6 小时 20°C+ 相对空气湿度为 90% 的养护条件；11 为 3 天处于 30°C 干燥条件；然后 6 小时 20°C+ 相对空气湿度为 90% 的养护条件；12 为一直处于 30°C 干燥条件下养护）（资料来源：IFS-Bericht Nr.26:Neue Erkenntnisse zu den Eigenschaften von NHL-gebundenen Moerteln, Mainz,Germany,2007）

图片来源：德国 IFS 报告，2007

2.4 "固"之矿物相——化学指标及其影响因素

2.4.1 矿物相

通过热差分析（DTA/TG）可以分析石灰中主要的矿物相氢氧化钙和碳酸钙以及和水硬性组合结合的水的含量，以确定不同条件下石灰的固化特征。对比不同天然水硬石灰在不同储存环境的矿物相研究可知，干燥环境有利碳化，但是不利于水硬性组分的水合作用的发生（对于强度会降低），而温湿环境有利于水硬性组分的水合作用，但是不利于完全碳化（图2-7）。NHL2和NHL5在标准环境下的标准试块56天就完全碳化，而在潮湿环境下则需要308天以上。在标准养护条件下形成的水硬性组分较多这些结果对指导施工具有重要价值（见第7章）。

2.4.2 水溶盐

生石灰的水化和碳化过程中，均不产生水溶盐。石灰的生产过程中，无须添加其他物质，相对于水泥等其他现代无机材料，成品石灰中水溶盐离子含量极低，可能来源包括所采用的石灰石或牡蛎壳原料，以及燃料残渣等。

但是在石灰中或施工到建筑文物本体的石灰砂浆中会发现水溶性盐分聚积现象，这些水溶性盐一方面来自石灰本身，即原材料中有石膏、黄铁矿等含硫的组分，以及含K、Na离子的杂质残留在石灰中。另一方面来源于周围的既有材料，即既有本体材料含有水溶性盐，在石灰砂浆（含30%~50%的水）施工过程中，砂浆的水活化了这些盐并随着石灰砂浆中的水蒸发而出现在石灰砂浆表面。这些盐有时会导致砂浆不硬化或粉化等次生病害。

处理方法是选择低硫含量的石灰（这也是本书中阐明石灰之母石材的重要性原因之一），同时在基层含水溶盐比较高的情况下，需要采取诸如敷贴法降低水溶性盐分含量（见第7章）。石灰中水导致基层材料盐分活化迁移到石灰砂浆中的原理等可运用到设计牺牲性抹灰（见2.7节）

2.5 石灰的自愈功能

未完全碳化的石灰材料具有"自愈"（self-healing）功能（图2-8），这种自愈功能是指表层已经固化的材料由于某种原因开裂的话，内部未碳化的气硬性石灰或仍然含有较多$Ca(OH)_2$天然水硬石灰中的$Ca(OH)_2$会随毛细水进入到表层裂缝中，一

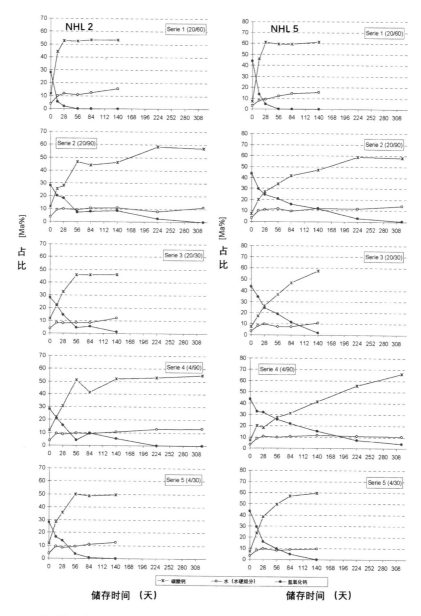

图 2-7 二种天然水硬石灰 NHL2（左）/NHL5（右）在不同条件下的水合与碳化

（说明：Series 系列 1：标准养护即 20℃、相对空气湿度为 60% 的养护条件；Series 系列 2：标准偏湿养护即 20℃、相对空气湿度为 90% 的养护条件；Series 系列 3：标准偏干养护即 20℃、相对空气湿度为 30% 的养护条件；Series 系列 4：冷湿养护即 4℃、相对空气湿度为 90% 的养护条件；Series 系列 5：冷干环境养护即 4℃、相对空气湿度为 30% 的养护条件）

资料来源：IFS-Bericht Nr.26:Neue Erkenntnisse zu den Eigenschaften von NHL-gebundenen Moerteln, Mainz,Germany, 2007）

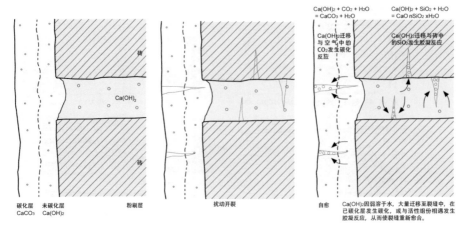

图中文字：

Ca(OH)₂ + CO₂ + H₂O = CaCO₃ + H₂O   Ca(OH)₂ + SiO₂ + H₂O = CaO nSiO₂ xH₂O

Ca(OH)₂迁移与空气中的CO₂发生碳化反应   Ca(OH)₂迁移与砖中的SiO₂发生胶凝反应

砖

Ca(OH)₂

钙

碳化层 CaCO₃　未碳化层 Ca(OH)₂　　粉刷层　　　　扰动开裂　　　　自愈　　Ca(OH)₂因弱溶于水，大量迁移至裂缝中，在已碳化层发生碳化，或与活性组份相遇发生胶凝反应，从而使裂缝重新愈合。

图 2-8 石灰灰浆的自愈功能示意图

图片来源：钟燕绘制

旦其与空气接触，$Ca(OH)_2$ 会与空气中的 CO_2 发生反应，形成 $CaCO_3$，把开裂的缝 "焊接" 起来。这种功能对保证面层的完整性或采用石灰砌筑的砌体不产生大开裂等具有重要意义。当石灰灰浆全部碳化，即氢氧化钙全部转变为碳酸钙后，石灰自愈功能消失。

镁质石灰可能也存在类似的自愈功能，研究工作尚在进行中。

2.6 固化后的石灰失效机理

固化后的石灰在特定环境下能够耐久千年，古罗马及中国的案例都证明这一点。能够导致固化后其性能失效的参数主要为化学因素（图 2-9），特别是酸侵蚀：包括空气中的 SO_2, NO_x 等产生的硫酸、硝酸等，也包括蚂蚁分泌的蚁酸（蚁酸的化学式为 $HCOOH$）及植物的草酸 $HOOC—COOH$ 等。其次是温差、干湿导致的形变。水溶性盐的溶解结晶也可以破坏石灰材料的结构，导致强度降低。工业环境下的高浓度的碱也可以破坏固化的石灰材料。

2.6.1 大气污染物

工业化以来，人类活动导致的 SO_2 等排放逐年增加。空气中微量的 SO_2 在有氧气和湿气存在时，形成硫酸：

图 2-9　和大气污染有关的石灰材料失效——北京某长城垛口墙砖与镁质石灰有关的病害
说明：Ⅰ = 侵蚀分解区，含 $CaCO_3$、$MgCO_3$ 的石灰被 SO_2 等分解，在雨水中形成 Ca^{2+}、Mg^{2+}、SO_4^{2-} 等，使砖的黏结性降低或造成坍塌；Ⅱ = 迁移区，含 Mg^{2+} 等离子雨水流经此区域，除竖缝外，水平缝尚未被破坏；Ⅲ = 结晶区，含 Mg^{2+} 等离子的雨水在此部位聚积蒸发结晶，先破坏竖缝、水平缝，再破坏砖，可导致城墙的倾覆。
图片来源：戴仕炳

$$SO_2 + O_2 + H_2O \rightarrow H_2SO_4 \quad (f8)$$

　　硫酸是腐蚀性非常强的一种酸，它不仅对建筑上使用的钢筋混凝土、装饰粉刷、天然石材等可产生腐蚀作用，更容易腐蚀侵害石灰基材料，如大气生成的硫酸与灰塑反应，形成石膏，导致灰塑强度降低而破坏：

$$CaCO_3（石灰粉刷）+ H_2SO_4 \rightarrow CaSO_4 \cdot 2H_2O（石膏，gypsum）\quad (f9)$$

　　镁质石灰中的碳酸镁（菱镁矿）本身溶解度高于碳酸钙，同时，它极其容易被大气中的 SO_2 腐蚀，形成硫酸镁，而硫酸镁在水中的溶解性能极高（表 2-4）并在不

表 2-4　石灰中不同钙、镁化合物及硅酸钙在水中（20℃）的溶解性能

石灰中的主要组分		溶解度（在 100g 水中达到饱和状态时所溶解的溶质的质量，单位:g）
高钙石灰	$Ca(OH)_2$	0.173
	$CaCO_3$	$6.17×10^{-4}$
	$Ca(HCO_3)_2$	16.6
	$CaSO_4 \cdot 2H_2O$	0.255
镁质石灰	$CaCO_3$	$6.17×10^{-4}$
	$Mg(OH)_2$	$9.628×10^{-4}$
	$MgCO_3$	$3.9×10^{-2}$
	$Mg(HCO_3)_2$	不稳定，易沉淀
	$MgSO_4$	33.7
天然水硬石灰	$CaCO_3$	$6.17×10^{-4}$
	$Ca(OH)_2$	0.173
	$xCaO \cdot SiO_2 \cdot yH_2O$（水合硅酸钙凝胶）	不溶解于水
	$MgCO_3$	$3.9×10^{-2}$

同湿度环境下，发生相互转变（图 2-10，图 2-11），可以在蒸发部位形成泛碱并破坏灰缝和砖。

$$MgCO_3 + （H_2O +SO_2+O_2）（酸雨）\rightarrow MgSO_4+2H_2O+2CO_2 \qquad (f10)$$
$$CaMg(CO_3)_2（白云石）+ （H_2O+SO_2+O_2）（酸雨）\rightarrow CaSO_4 +$$
$$MgSO_4+2H_2O+CO_2 \qquad (f11)$$

要预防大气污染对灰浆的破坏，除了降低排放几乎没有其他办法。欧美经过 30 余年的高效环保措施，大气中 SO_2 的排放量已经明显降低。这为我国遗产保护提供了参考模板。此外，在保护工程中应采用更耐大气污染的水硬性石灰，也可以采取配方优化降低灰浆吸水性能，以达到降低吸收大气污染物的能力。但是，所有的憎水材料，无论是合成有机硅还是天然桐油，均会降低石灰的碳化速度，对灰浆内外强度和透气性等产生影响，甚至有副作用，需要在用量、部位等方面谨慎选择。

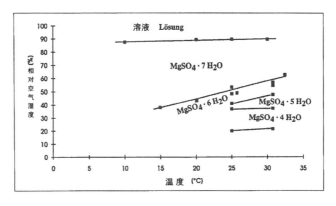

图 2-10 不同的硫酸镁水合物在不同温度、相对空气湿度下的稳定性

图片来源: IFS-Bericht Nr.16: Umweltbedingte Gebaeudeschaeden an Denkmaelern durch die Verwendung von Dolomitkalkmoerteln, Mainz, Germany,2003

图 2-11 水溶盐结晶导致石灰抹灰的损毁

图片来源: Dettmering & Kollmann

2.6.2 冻融与水盐结晶

水在结冰时，纯水由液体水变为固态，体积增加 10%。大多数的石灰材料具有毛细作用活动性的特征，含水达到饱和时，常常不耐冻。如果含有盐分，毛细孔隙中水溶盐浓度增加，这种变化会在短时间内快速破坏石灰的黏结能力。如何选择耐冻融的石灰参见第 5 章及附录，如何在工程管理方面使石灰能够经受冬季考验参见第 7 章。

总的原则是：为预防冻融病害，保证工程质量，至少在冻融季节到来前 1 个月完成工程。保持良好施工环境及养护措施，促进固化。防雨水，确保不受潮的同时需要采取措施降低基层的水溶盐含量。也可以采用改进的抗冻融、抗盐胀能力的石灰配比，达到设计效果。

2.6.3 水溶蚀

水对石灰的影响在硬化及固化后的不同阶段均有体现。在固化阶段，消石灰 $Ca(OH)_2$ 在水中有一定的溶解性能，如 20℃时，1L 水中可以溶解 1.7g，完全碳化后的碳酸钙则几乎不溶于水。如果在固化阶段有大量水进入，钙质石灰中未碳化的氢氧化钙会被溶解。

当石灰固化后，碳化形成的碳酸钙在高 CO_2 浓度环境下，遇空气和水，也会溶解流失，化学反应式为：

$$CaCO_3 + CO_2（空气）+ H_2O（水）\rightarrow Ca(HCO_3)_2 \quad (f12)$$

$Ca(HCO_3)_2$ 在 20℃中的溶解度为 16.6 g/100 ml，甚至高于 $Ca(OH)_2$，容易随水流失。因而一般认为纯的气硬性石灰不耐水。

为避免被雨水淋蚀，使用气硬性石灰作为装饰面层时，应使消石灰、石灰膏配制的灰浆等尽快使其碳化，形成碳酸钙。在直接暴露到雨水的环境下，尽可能采用 B 类和 C 类灰浆（见第 6 章及附录）。同时，要保证形成的碳酸钙面层远离雨水（酸雨地区尤其要重视此问题），或者添加一定的组分降低气硬石灰的吸水性、提高强度，增加耐水、耐冻性。

2.7 谁应该更牢固——牺牲性保护（sacrificial protection）

牺牲性保护是指在暴露于外部环境无法改变或优化的建筑遗产保护中，采取"牺牲"后添加的新材料来"保护"原材料的技术措施总和。牺牲性保护是建筑遗产，特别是建筑遗产饰面的一种主动式预防性保护方法。

天然建筑石灰由于其高吸水性、高透气性、易吸收大气污染物而损坏，是牺牲性保护措施中，特别是建筑、砖石文物修缮中优先考虑的原材料（图 2-12）。和黏土等天然黏合剂比较，石灰具有更久的耐久性，可以在满足使用功能和牺牲性保护之间找到最佳的平衡。

起到牺牲性保护作用的石灰材料类型有以下四种：

（1）石灰水：气硬性钙质石灰的乳状液，在基质与大气环境之间形成薄的屏障层。

（2）抹灰，特别是低强度透气的石灰抹灰为非常好的牺牲性保护措施（图 2-12）

（3）采用石灰配制的修补、勾缝材料，要求强度低于被保护材料，透气性高于被保护的材料

（4）结构灌浆材料：低强度但是高附着力的结构灌浆材料是牺牲性保护策略中解决经常开裂砌体的措施之一。

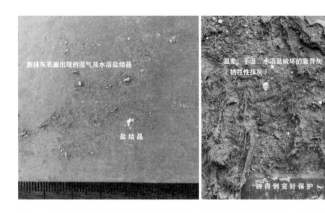

图 2-12 北京故宫抹灰下的古砖砌体得到很好的保护（传统靠骨灰因多孔、吸水、透气可定义为牺牲性保护抹灰）
图片来源：戴仕炳

2.8 思考题

(1) "成质之后，入水永劫不坏"，《天工开物》如此描述石灰的坚固性及耐久性，表明什么？

(2) 石灰的水硬性组分的来源？

(3) 水硬性（hydraulic setting）的原理是什么？

(4) 水硬性石灰按照什么标准进一步分类？在历史建筑修缮中应该采用哪一种水硬性石灰？

(5) 同样作为黏结材料，石灰基材料的固化机理和水泥基材料的固化机理有何异同？

(6) 在南方极潮湿环境下采用高钙石灰的风险有哪些？

(7) 石灰材料用于牺牲性保护有什么优势？

第3章 灰之源——"石"

有"石"才有"石灰"，能烧制石灰的，有一定强度的天然石材为统称"石灰石"，采用石灰石烧制的灰叫做石灰。采用生物贝壳烧制的"灰"，在中国古代被称为"蜃灰"。

碳酸钙含量高的纯石灰石烧制的石灰为高钙气硬性石灰，白云石或白云质石灰石煅烧会获得镁质石灰。尽管我国古代无镁质石灰的概念，但是从古代描绘部分石灰系用"白石"或"青白石"烧制，可推测在西晋时，我国先人已经掌握镁质石灰的烧制技术及使用技巧。

古代（中国和欧洲）认为含有泥质、硅质的质量差的石灰石烧制的生石灰为具有一定天然水硬性。当然，是否能够将具有水硬的生石灰制成可以使用的天然水硬（熟）石灰，还取决于其消解方式等。

除镁质石灰外，预判石灰石能够烧制何种类型的石灰可以参照基于石灰石化学组分分析结果计算得到的水泥指数 CI。对少量公布的石灰石化学成分分析结果进行计算，发现我国大量石灰石矿区存在含泥质石灰岩，可作为烧制天然水硬石灰的原材料。而料姜石则可能属于烧制（天然）水泥的原材料。

3.1 我国古代文献中有关煅石的记述

检阅古代文献可知，中国古代烧制石灰的原材料主要有两种：天然石灰岩（含料姜石、白云岩）与生物贝壳如牡蛎壳。

3.1.1 石灰岩

中国古人开采山石烧制石灰，至晚在仰韶文化中期就已经出现，但其时原材料以料姜石为主。到龙山文化时期，发展为以石灰石烧制石灰，如 2004 年陕西旬邑下魏洛遗址出土的窑址，窑内残存有块状石灰、石灰粉、破碎的青灰石块和烧过的硅质灰岩石块，说明以石灰岩烧制石灰在龙山时代（公元前 2900—2100）已经有相对成熟的工艺。从那时起，含有较多方解石或白云石的天然石材和生物体就开始成为烧制石灰的主要原材料。

西晋张华和南梁陶弘景都对石灰烧制和消解做了基本相同的记述。均指出石灰系用"白石"或"青白石"烧制。古人当然无法认知石头的化学成分，但依据经验能做出正确的选择。"白石"或"青白石"很可能指的是现在的白云质石灰岩（见图 3-6）。

虽然石灰岩是常见岩石，但并非所有山石都能用来烧制石灰，例如湖北襄阳府志记载："窑丁原一百二十名，黑窑烧造砖瓦九十名，白窑烧灰三十名。后因本山石不堪用，将窑丁三十名改认柴薪，每名每年纳银一两，以为修城之用。[1]"可知古人烧制石灰十分注意原材料的遴选，并有经验总结。"白"或"青白色"，即可视为选矿依据。至《天工开物》仍是相同判断——可燔的石材"以青色为上，黄白次之"。石灰岩矿物组成以方解石为主，化学成分主要是碳酸钙，纯洁的方解石晶体微透明，通常为灰白色，如含有杂质也会呈现深灰、浅红、浅黄等颜色。含白云石的石木材呈白色，古人不明矿物的化学成分，仅依经验加以总结，这种描述的差异应与作者的生活背景有关。今天的科学研究表明，"青色"或"黄白色"石材均可烧制出质量好的石灰。

3.1.2 牡蛎壳

我国沿海地区以牡蛎壳烧制石灰的传统可上溯至先秦时期。文献中将这种由生物体烧制而成的石灰称之为"蜃炭"，在房屋营造和修建坟墓时将其用于粉刷墙壁和杀菌除虫。先秦时期，蜃炭的产地应是齐国沿海（今山东半岛），此地在夏商时被称为"东夷"，周武王分封诸侯，姜尚于此封国建邦。因其地偏处东部，农业不如中原腹地发达，姜太公发挥沿海资源优势，煮盐垦田、兴工商，齐国很快成为春秋时期实力强盛的诸侯国之一。周王朝营造宫室所用的蜃炭从齐国运输而来，应是合理的猜测。

以蛎壳为原料生产石灰的传统工法在我国东部和东南部沿海地区延续千载，宋应星记载："凡温、台、闽、广海滨，石不堪灰者，则天生蛎蚝以代之。[2]"其书中烧制石灰的插图（见本书第 4 章第 1 节），原材料"蛎房"就是蛎壳。直到 21 世纪，宁波沿海农村仍有农民以烧制蛎壳灰为辅业。

经研究，蛎灰因含有一定的水硬性组分，其胶凝性、结石体的强度、收缩变形性、水稳定性和抗冻融性比普通气硬性石灰好。

---

1. 襄阳府志·卷 23·兵政 [M]. 明万历刻本，见万方新方志数据库
2. 宋应星. 天工开物 [M]. 上海：商务印书馆，1933:203.

3.1.3 区分与合并

《周礼》中出现了"蜃炭"与"焚石"两个名称，似乎在古人看来，用不同原材料烧制所得的产品，并非同一物质。《周礼》所称"蜃炭"及"蜃灰"，显然是从沿海地区烧制蛎壳成为石灰再运输至内陆（或者将蛎壳运输至中原再烧制石灰），而非就近用石灰石燔烧而成。如此舍近求远，应该有成本和技术之外的原因。限于史料缺乏，只能存疑。

从文献记录看，大致可以推断在唐宋时期，古人认识到"蜃炭"即石灰，两者为同一物质。

3.1.4 石灰的最初用途

石灰的"捍水"和"辟虫"功用，是古人很早就发现并使用石灰的主要目的。根据考古发现，仰韶文化早期到龙山文化时期的房屋遗址多数是半穴居，即在地坎上挖掘地穴，再立柱垒墙。由此形成的建筑，室内地坪低于室外地面，易受潮气侵袭和虫蚁侵扰。于是防潮与驱虫需求随之发生，这得到了考古发掘的证实。中科院考古所山西工作队在 1996 年发布的山西垣曲小赵遗址发掘报告中记录："房址底部平坦，其上铺设有一层木板……木板之上有一层厚约 15 厘米的草拌泥。草拌泥之上有一层厚约 2 厘米的白灰居住面。白灰居住面光滑平坦。在西墙墙根高 5 厘米的范围内涂抹有白灰墙皮。墙皮之下不见草拌泥。白灰墙皮与白灰居住面连为一体，转角略圆钝。"可见白灰所用的部位，基本是房屋低于室外地坪的部分。此做法原因不难推测，即防潮与驱虫。

以上结论还可以从建筑演变得到证明。前述发掘报告中的白灰，考古界称为"白灰面[1]"。它在龙山文化时期应用达到高峰，到其后的二里头文化时期急剧减少。这是因为穴居建筑毕竟有潮湿和缺乏通风采光等诸般缺点，因此古人的居所在竖向上逐渐提高，至仰韶文化晚期中原地区已经基本是地面建筑，如大河村遗址第三、四期共 44 座房基，其中地面式 41 座，占绝对多数。到二里头文化时期，随着夯土技术和木骨泥墙技术的发展，建筑继续升高，直至将整组建筑置于夯土台上。考之以史料，《周易》有："上古穴居而野处，后世圣人易之以宫室，上栋下宇，以待风

---

1. 1926 年李济先生在山西夏县西音村考古中首次发现（见李济 . 西音村史前的遗存 [M]. 李济文集：卷二 . 上海：上海人民出版社，2006：172），其后梁思永先生于 1931 年命名（梁思永 . 后岗发掘小计 [M]. 梁思永考古论文集 . 中国科学院考古研究所，编 . 北京科学出版社 .1959）

雨。"《墨子》中也有类似记述:"古之民未知为宫室时,就陵阜而居,穴而处。下润湿伤民,故圣王作为宫室。为宫室之法,曰:'室高足以辟润湿,边足以围风寒,上足以待雪霜雨露。'"可见夯土高台的应用,其主要目的之一就是为了避免潮湿侵袭。房屋位于夯土台基,且上有屋顶出檐,受雨水和地面潮气侵袭的可能大为降低,石灰面层作为吸潮功用的必要性逐渐降低。

3.2 合适烧制石灰的原材料

天然的碳酸盐岩石占据了大陆表面约 10% 的面积,验证了宋应星"百里内外,土中必生可燔石"的记述。合适烧制石灰的岩石属于钙镁碳酸盐岩石。自然界的碳酸盐有 $CaCO_3$(矿物结晶结构不同,分别称作球霰石、方解石、文石等)、$MgCO_3$(菱镁矿)、$CaMg(CO_3)_2$(白云石)和 $FeCO_3$(菱铁矿)等。只有碳酸钙、碳酸钙镁及含有硅质、泥质的石灰石才能烧制石灰。$MgCO_3$(菱镁矿)、$FeCO_3$(菱铁矿)为主的天然石材为提炼金属镁和铁的镁矿石和铁矿石,不用于烧制石灰。

古代和现代用于烧制的石灰石大部分属于地质学上的沉积岩。经过变质作用(重结晶)而形成的大理石、汉白玉等从化学成分上也可以烧制石灰,但是由于色白或多彩,一般作为装饰材料,碎石一般也作为填料,不作为石灰的原材料。尽管在欧洲有烧纯白大理石制灰用作艺术品修复,但非主流。

碳酸盐沉积岩石中的成分根据其成因主要为有机生物沉积物,少量为化学沉积物。原来由化学或有机生物所产生的碳酸盐岩石通过物理因素而破碎,并在别处重新沉积,最后也可成为碎屑沉积物。

地质上,碳酸盐中按照矿物成分分成石灰岩、白云岩两大类,同时含不同量的泥质(如黏土矿物高岭土等)、砂质等,则可以烧制天然水硬石灰。

在某一个地区产出何种石灰岩和古气候、地质构造及海平面等有关。所以,每一个石灰石矿床都是独具个性的古生态学信息及沉积年代学记录。

3.2.1 "石"之理化指标——化学成分及水泥指数 CI

纯的碳酸钙(方解石或文石)组成的石灰岩或大理岩的标准化学成分为 CaO=56%,CO_2=44%,纯的白云石组成的白云岩的化学成分为 CaO=30.4%,MgO=21.7 %,CO_2=47.9 %。

但是,石灰石的成分变化一般比较大,除了钙和镁外,常常含有铁等(风化后表面呈黄色或褐色）。岩石中也会有和碳酸盐在相同沉积环境中生成的非碳酸盐矿物，如石膏（$CaSO_4 \cdot 2H_2O$）、硬石膏等，也含有来自大陆的陆源矿物，如黏土矿物、砂（石英、长石等）、云母等。此外，源自海洋生物体的蛋白石也可以和碳酸盐发生"交代"反应（一种地质环境下的离子交换，如同硅化木的成因），形成含硅较高的石灰岩，成为天然水硬石灰重要的原材料。

L. Vicat 于 1818 年提出水硬性指数（Hydraulic Index, HI）的概念：

$$HI = \frac{SiO_2 + Al_2O_3}{CaO} \qquad (f13)$$

但是，这个指数没有能够完全反映主要组分，如镁、铁等的作用。基于水泥工业的研究成果，Boynton 于 1966 年提出了石灰岩成分水泥指数（Cement Index, CI）的概念，并根据 CI 指数对石灰石进行分类（表 3-1）：

$$CI = \frac{2.8 \times SiO_2 + 1.1 \times Al_2O_3 + 0.7 \times Fe_2O_3}{CaO + 1.4 \times MgO} \qquad (f14)$$

表 3-1 CI 指数相关的可以烧制的石灰或水泥类型

CI 指数	石灰类型
0.00 ～ 0.30	气硬性石灰
0.30 ～ 0.50	弱水硬性石灰
0.50 ～ 0.70	中等水硬性石灰
0.70 ～ 1.10	强水硬性石灰
>1.1	天然水泥

但是，水泥指数 CI 对判别能够烧制何种石灰仅具有参考意义。在标定气硬性石灰方面没有疑义，但是对于是否能烧制出对应的水硬性石灰，则需要具体分析。因为，第一，这一指数是按照水泥工业的研究成果进行的归纳，而水硬性石灰的矿物成分与水泥不同。第二，该指数没有考虑到烧成生石灰中存在无活性的硅酸钙等。例如，CI 在 0.3-0.5 之间的石灰石是否能够烧制出弱的天然水硬石灰，还与硅等元素的状态、烧制温度及方式、消解方式等有关。但是，CI 的提出对理解石灰石原材料成份与最终产物的关系仍有重要指示意义（参见表 3-2）。

有关消解后的石灰的水硬性能请参见第 5 章"解"。

3.2.2 天然石灰石

如前述，钙质石灰石是沉积环境生成的生物碎屑或化学沉积岩石，但是，天然石材中除碳酸钙矿物，也含有来自大陆的陆源矿物，如黏土矿物、砂（石英、长石等）、云母等，碳酸钙矿物也会被硅质、镁质等交代而发生成分变化。根据碳酸钙矿物与陆源碎屑矿物的比例，石灰岩可以分成高钙纯石灰岩到泥岩等不同类型（图3-1，图3-2）。

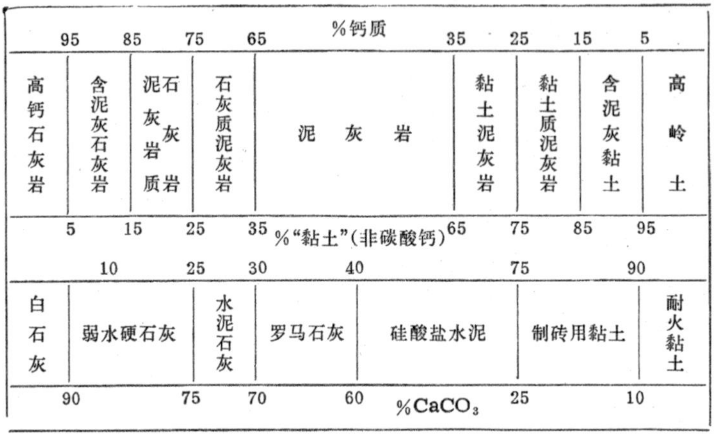

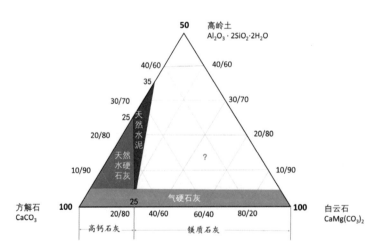

图 3-1 根据碳酸钙和黏土含量进行的沉积岩石分类及相关石灰类型
资料来源：席勒 .E, 贝伦丝 ,W〔西德〕著，陆华, 武洞明译，石灰 . 上海：中国建筑工业出版社, 1981

图 3-2 高岭土、方解石、白云石含量对应的石灰类型（其中，高岭土含量低于5%的纯石灰岩及含白云石岩（白云石含量为5%～25%）的石灰岩为高钙石灰原材料。）
图片来源：戴仕炳绘制

表 3-2 我国主要石灰产地石灰石成分及与欧洲对比

产地和名称	SiO_2	Al_2O_3	Fe_2O_3	CaO	MgO	按照F14换算出的CI	依据CI确定的理论可烧的石灰类型	资料来源	实际生产的石灰
江苏宜兴石灰厂	5.54	0.06	0.08	52.66	0.25	0.29	弱水硬性石灰	关宸祥(1986)	气硬性石灰
湖南东安石灰厂	7.02	—	—	51.43	0.93	0.37	弱水硬性石灰		
浙江长兴	0.24	0.06	0.06	53.37	0.43	0.01	气硬性石灰		
太湖西山	0.27	0.02	0.24	55.37	0.33	0.02	气硬性石灰		
辽宁本溪钢铁公司石灰石矿	2.3	—	—	51.4	2.1	0.12	气硬性石灰	初建民、高士林(2009)	
首钢第二耐火材料	1	—	—	49.7	3.9	0.05	气硬性石灰		
料姜石	22.1	6.44	2.07	36.82	2.07	1.77	天然水泥	李黎、赵林毅(2015)	类似NHL5或NC
阿嘎土	16.4	4.23	0.87	41.87	0.87	1.19	天然水泥		
安徽广德天石片状石灰石	12.6	—	—	43.3	0.76	0.80	中等水硬性石灰	德赛堡(2018)	气硬性石灰
安徽凤阳含泥灰岩	3.79	—	—	50.44	1.79	0.20	气硬性石灰		
安徽广德腾狮片状石灰石	4.21	—	—	48.5	3.22	0.22	弱水硬性石灰		
广西花山碎屑灰岩	1.14	0.21	0.01	51.48	6	0.06	气硬性石灰	王金华等(2015)	气硬性石灰(周边)
	0.25	0.06	0.01	47.8	7.76	0.01	气硬性石灰		
安徽某地泥灰岩	19.8	5.72	1.32	33.79	1.22	1.77	天然水泥	王琳琳等(2019)	类似NHL2(实验结果)
捷克 Certovy Schody（气硬石灰产地）	13.2	3.7	2.5	42.9	1.6	0.95	强水硬性石灰	Valek(2018)	气硬性石灰
	6.1	1.2	0.8	49.5	1.1	0.37	弱水硬性石灰		
	0.6	0.4	0.2	54.4	0.7	0.04	气硬性石灰		

3.2.3 贝壳

贝壳是海洋生物贝类的外壳，贝壳的种类很多，蚬壳、蚝壳、蛤蜊壳和蛎壳等统可称之。化学成分上贝壳含有 90% 左右碳酸钙（表 3-3），还含有少量有机质及硅。贝壳从古代到近代一直是石灰质原料。

表 3-3　贝壳主要化学成分

产地和名称	烧失量	SiO₂	Al₂O₃	Fe₂O₃	CaO	MgO	合计	按照F14换算出的Cl	理论可烧的石灰类型
浙江乐清蛎壳	43.36	2.08	0.71	0.26	52.62	0.54	99.57	0.13	气硬性石灰
浙江温岭蛎壳	40.73	4.4	1.67	0.6	53.6	0.9	101.9	0.26	气硬性石灰
广东海丰蛎壳	44.16	0.69	0.46	0.12	53.51	0.4	99.34	0.05	气硬性石灰
福建东山蛎壳	40.42	0.88	0.4	1.62	50.73	5.0	99.05	0.08	气硬性石灰
福建霞浦蛎壳	43	0.49	0.09	0.13	53.2	0.7	97.61	0.03	气硬性石灰
福建罗源蛎壳	38.18	7.96	0.86	0.83	49.35	2.05	99.23	0.46	弱水硬性石灰
福建莆田蛎壳	41.88	6.16	1.04	1.28	47.82	0.47	98.65	0.40	弱水硬性石灰
天津 641蛎壳	41.43	14.36	3.99	3.16	40.88	0.32	103.71～105.71	1.13	强水硬性石灰 - 水泥

资料来源：关宸祥，1986。

由于环保、原材料搜集成本等原因，贝壳烧制的建筑石灰今天已经不具有实际应用价值，部分地区已经将烧贝壳灰作为非物质文化遗产予以保护。

3.3　钙镁气硬石灰及天然水硬石灰原材料

3.3.1　高钙石灰原材料

气硬性高钙石灰的原材料是属于各类化学沉积，或生物碎屑钙质石灰岩（图 3-3），一般 $CaCO_3$ 含量超过 91%。

图 3-3 用于烧制石灰的石灰石矿山，块状 - 条带状石灰岩，块状为气硬性石灰的原材料，条带状石灰石可以烧制弱水硬性石灰
图片来源：戴仕炳

高钙的石灰石主要烧制成生石灰的化学反应（calcination）见图 3-4。高钙气硬性石灰从烧制、消解到碳化，形成一个完整的闭环，即原材料为碳酸钙，固化碳化后产物也为碳酸钙（矿物相为文石或方解石），这个过程理论上 CO_2 的排放为零。

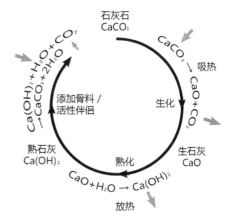

图 3-4 气硬性钙质石灰循环
图片来源：戴仕炳、钟燕绘制

3.3.2 镁质石灰原材料

白云石含量超过 25% 的白云石化石灰石或者白云石石灰石可烧制镁质石灰，而 $MgCO_3$ 达到 40% ～ 46% 时，可烧制出纯镁质石灰（见图 3-5）。

白云石是一种碳酸盐矿物，化学式为 $CaCO_3 \cdot MgCO_3$ 或 $CaMg(CO_3)_2$，理论组成为 CaO =30.4%， MgO =21.7%， CO_2 = 47.9%,常含 Fe、Si 和 Mn 等杂质。白云石是碳酸盐岩石成岩过程中，镁离子交换钙离子形成的。完全交换的白云石碳

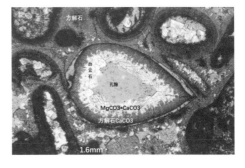

图 3-5 白云石化石灰岩，可见贝壳碳酸钙被白云石替换
图片来源：陆俊明，罗宪婴译. 碳酸盐岩岩石学——颗粒、结构、孔隙及成岩作用 [M]. 北京：石油工业出版社，2010.

酸岩（白云石含量大于75%）称为白云岩。白云石的密度为2.8～2.9 g/ cm³，摩氏硬度为3.5～4，分解温度为730℃～900℃。自然界中白云石分布广泛，任何国家和地区都有，我国主要分布在华北、东北、西南和湖北等地区（图3-6）。白云石因质硬而细腻，色白而成为雕刻的原材料之一（图3-7）。

煅烧过程中，白云石分解与碳酸钙不同（图3-8），在730℃～790℃分解为游离MgO和$CaCO_3$，900℃左右$CaCO_3$分解为CaO（参见图3-4）。

白云石煅烧形成镁质生石灰，其简化的化学反应式如下：

$$CaCO_3·MgCO_3 + 能量 \rightarrow CaO·MgO + 2CO_2 \quad （f15）$$

镁质生石灰的消解更复杂，其中的CaO会消解成$Ca(OH)_2$，而氧化镁（方镁石）

明代用于建筑长城的镁质石灰的白云石石材露头　　　　　　破碎后的白云石，耐火材料的原材料

图3-6　河北遵化地区明长城建造采用的镁质石灰的原材料产地白云石矿（今天主要作为耐火材料的原材料）
图片来源：胡战勇

图3-7　著名的龙门石窟主要宏伟造像的基材为白云石灰岩
图片来源：戴仕炳

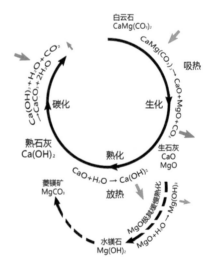

图3-8　白云石在烧制过程的变化
图片来源：戴仕炳等绘制

在常温常压下消解非常缓慢，只有约 25% 会转变成氢氧化镁，消解过程如下：

$$MgO（方镁石）+H_2O \rightarrow （缓慢）\rightarrow Mg(OH)_2（水镁石）+ 热量（f16）$$

氧化镁的消解中同时还会伴随着氢氧化钙和氢氧化镁的碳化过程，这样自然消解得到镁质石灰由熟石灰〔$Ca(OH)_2$〕、方镁石（MgO）及碳酸钙（$CaCO_3$）和碳酸镁（$MgCO_3$）组成。

水镁石〔$Mg(OH)_2$〕相对比较稳定，溶解性低，碳化过程极其缓慢。

另外，需要注意的是，白云石烧制的石灰完成碳化后的产物为碳酸钙和碳酸镁混合物，而不是白云石〔$CaMg(CO_3)_2$〕，其作用过程不能像方解石那样形成闭环循环。这种消解过程、固化过程的不同使得镁质石灰或含镁石灰的灰浆抗压强度高（见图 2-4）、吸水率低、密度大。

3.3.3 天然水硬石灰原材料

如果钙质石灰岩含有 5%~25% 的杂质（包括泥质、石英 - 硅质，白云石、长石、铁化合物等），则可以烧制天然水硬石灰（图 3-9，图 3-10）。注意：泥质或硅质含量达到 5% 就够了。

这类石灰岩化学成分特点为 SiO_2 为 4 ～ 16%， Al_2O_3 介于 1 ～ 8%， Fe_2O_3 含量为 0.3% ～ 6%。石灰石破碎成颗粒大小 1 ～ 20cm 在 800℃～ 1200℃烧制而成生石灰（图 3-11）。生石灰再喷少量水消解、研磨而得的粉料为可使用的天然水硬石灰。由于 CaO 与黏土、SiO_2 等发生反应放热，天然水硬石灰烧制温度较低， 所需燃料的量要低于气硬石灰的烧制。

3.3.4 水泥原材料

水泥分天然水泥和人工水泥，是历史上使用到的水硬性胶凝材料（见图 2-2）。天然水泥 (natural cement 代号 NC) 是采用天然泥灰岩（主要化学成分为 CaO、

图 3-9 优质天然水硬石灰的原材料——泥灰岩（德国 Wiesloch）
图片来源：戴仕炳

图 3-10 天然水硬石灰的原材料之一硅质灰岩
图片来源：戴仕炳

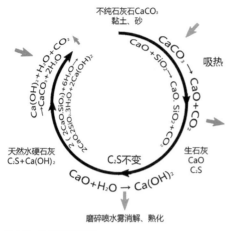

图 3-11 天然水硬石灰循环

SiO_2、Al_2O_3 等）在低温（大约 900℃）烧制成熟料再磨细获得的水硬性胶凝材料。与水硬石灰相比，天然水泥的熟料只可以采用粉磨（图 5-19），而不可以添加水消解。天然水泥凝结快速（表 3-4），可以添加柠檬酸等延缓凝固时间。天然水泥固化时几乎不收缩，固化后多孔，透气，在欧洲仍然有生产，主要用于历史建筑修复等领域。

人工水泥（波特兰水泥、普通硅酸盐水泥，即俗称的水泥）是采用含较高的硅等天然石灰石或经过配制优化的原料经过超过 1450℃（白水泥要 1550℃）煅烧获得硅酸盐熟料，再将硅酸盐熟料添加石灰石或高炉矿渣或其他活性或非活性组分、石膏等磨细而得到的水硬性胶凝材料。

天然水泥、人工水泥与天然水硬石灰具有完全不同的性能（表 3-4）。但是大多数情况下，三者可以混合使用，达到需要的强度、凝结时间等要求。这种兼容性为修缮不同结构类型的建筑（从低强度砖砌体到高强度混凝土框架）提供了可能。但相关性能则需要在使用前进行研究。

3.4 石灰石的开采

天然石灰石矿床的开采有露天开采（成本较低，景观破坏大）和地下开采（成本较高，景观破坏小）两类。开采方式和石灰岩的地质产状有关。其中，国际规模最大的建筑石灰生产企业法国 St Astier 石灰厂由于其硅质石灰岩呈水平产状，采用地下开采，既保护了环境，也使资源利用最大化（图 3-12 左）。

图 3-12 欧洲用于烧制建筑石灰的石灰石开采方式（左为地下开采，右为露天开采）
图片来源：戴仕炳

表 3-4　天然水硬石灰、天然水泥及人造水泥的区别（石登科整理）

水硬性胶凝材料	原材料组成	烧成后加工过程	主要矿物组成	凝结时间标准数据（实测数据）		强度标准数据（实测数据）		参考标准
				初凝时间	终凝时间	28d抗折强度(MPa)	28d抗压强度(MPa)	
天然水硬石灰（NHL2）	天然泥质或硅质石灰岩（含泥或含硅量为5%~25%）	烧制后经粉磨喷雾消解而成	氢氧化钙、碳酸钙、硅酸二钙、极少量硅酸三钙等	＞1h (3~4h)*	＜40h (10~12h)*	— (1.37)*	2~7 (2.9) *	EN459
天然水泥（NC10）	天然泥灰岩（含泥质为≥20%~25%）	天然泥灰岩经过高温烧制后直接细磨而成	氢氧化钙、硅酸三钙、铁铝酸四钙、铝酸三钙、少量硅酸二钙等	≥15min (1min)**	＜1h (6min)**	— (3.59)**	— (12.7)**	—
人工水泥（普通硅酸盐水泥 P.O 42.5）	主要为石灰石、黏土等（氧化钙、氧化铁、氧化铝、二氧化硅等）	烧制后水泥熟料加入适量石膏细磨而成	酸钙二钙、硅酸三钙、铁铝酸四钙、铝酸三钙等	≥45min (2~2.5h)***	＜10h (4~6h)***	≥6.5 (9) ***	≥42.5 (55) ***	GB175—2007

注：* 德国 Hessler 实测数据；** 法国某品牌实测数据；*** 国内某品牌白水泥实测数据

3.5　思考题

（1）灰色、青灰色石灰石适合烧制什么类型的石灰？

（2）含有大概 15% 黏土的泥灰岩适合烧石灰吗？

（3）汉白玉可以烧出什么类型的石灰？

（4）贝壳灰和一般的气硬性石灰的区别有哪些？

（5）通过建筑考古寻找传统石灰石产地是否仍有现实意义？

第4章 成灰——"煅"

《说文解字》："煅，小冶也"。"煅"，指将石灰石烧制成生石灰的工艺，取自北宋苏颂《本草图经·玉石下品卷第三·石灰》又名"石煅"；同时取《本草纲目——石部·第九卷·煅石》。

古人把石灰石烧成生石灰的过程称作"煅"，实际知道成灰过程并非简单的一烧了之。"煅"的目的是把"石"变成"灰"，"石"的化学成分决定了可能烧制的石灰的类型，而"煅"决定了生石灰的矿物相及质量。本章简要概述了从古至今（至 20 世纪 90 年代）我国石灰是采用什么方式，使用什么燃料，如何控制煅烧过程等实现由"石"变为"灰"的过程。无论古代经验还是现代科学实验均证明，低温慢烧可得细如面的高活性气硬石灰，而天然水硬石灰的最合适烧制温度为950℃~1150℃。

4.1 我国古代文献有关"煅"的记述

石灰的具体烧制工艺，明代以前文献记载都极为简略，仅以"燔灰""烧灰"指代，无从考证细节。现代的资料则为我们考证传统工艺提供了佐证。

4.1.1 我国古代文献中的石灰烧制工艺与燃料

1. 烧制工艺

《天工开物》描述的立窑烧制工艺，是中国古代仅有的对石灰生产工艺的详细记录："百里内外，土中必生可燔石。石以青色为上，黄白次之。石必掩土内二三尺，堀取受燔；土面见风者不用。燔灰火料，煤炭居十九，薪炭居什一。先取煤炭、泥，和做成饼。每煤饼一层，垒石一层。铺薪其底，灼火燔之。最佳者曰矿灰，最恶者曰窑滓灰。[1]"对其稍作解读。首先，对原材料有质量要求：最好用青石，黄白色石块亦可，以保证石灰石纯度高，泥土和其他岩石含量低，有利于烧制生石灰的纯度。其次，燃料和原材料分层叠置，且对燃料有加工，不直接用块煤，而是煤饼，由块

---

1. 宋应星. 天工开物 [M]. 上海：商务印书馆，1933:197.

煤破碎，亦可使用粉煤制成，粒径小以提高燃料的燃烧效率。一层青石一层煤饼意味着煤炭使用量极大。最后成品有分类：质量最佳者称为矿灰，这个名称亦见于宋代《营造法式》，可见此名称流传已久。最差为窑滓灰，为碎的块灰与煤滓混合的灰。

在缺乏测温手段的古代，对煅烧的过程控制往往由有经验的工匠负责，通过对"温度——炉火颜色"和"时间"的调控保证石灰质量。而煅烧的时间往往长达数周。如清代《陈墓镇志》记："吾镇石灰其来已久，为独行生理。……然宜兴灰比之陈墓灰善恶大不同。宜兴烧以山柴，五、六週[昼]夜而熟。柴硬，火烈；火烈，灰暴。故用以砌墙不坚，用以粉壁而壁不细。陈墓灰则不然，用稻、柴或菜萁，速者十五週[昼]夜，迟者二十余週[昼]夜。日久热退，透缓则性和。故用水化时，灰细如面，用去无不得法。[1]"由此可推测，宜兴烧灰因为用山中硬柴，烧结温度高、速度快，石灰过烧情况可能较严重；而陈墓石灰因所用燃料为稻秸等，烧结温度相对低、时间长，能有效降低过烧率，故而所出石灰品质更佳。

2. 我国历史上烧制石灰的燃料

燃料主要有煤炭和柴草两种。而后者在古代至 20 世纪几乎都是烧制石灰的主要燃料。元代以后，华北地区因日益严重的燃料危机，煤炭逐渐在生产和生活领域大规模替代柴薪，因此有《天工开物》所说"煤炭居十九，薪炭居什一"。但综合各方文献，仍不能得出烧制石灰的燃料在明代逐渐由柴薪转变为煤炭的结论。如官方文献《明会典》记载："每窑一座，该正附石灰一万六千斤，合烧五尺围芦柴一百七十八束[2]。"而民间文献可见李时珍《本草纲目》："今人作窑烧之，一层柴，或煤炭一层在下，上累青石，自下发火，层层自焚而散。"烧制石灰的燃料因地区因素而不同，柴草、菜杆由于易得、廉价的特点，作为烧制石灰的主要燃料延续到了 20 世纪 70—80 年代。清末仍存在不同烧制方法而得到不同质量的记录，如《营造法原》记载，用树和茅柴，以及煤炭烧制的石灰，质量均不如用稻柴烧制[3]。

从以上文献记述可推测，在我国古代，烧制石灰不需要极高的技术门槛，其窑炉建造、原材料遴选、燃料种类和数量、过程控制、质量控制等要素应是通过工匠口头传授和师徒之间传递。限于资料的缺乏，还无从得知历史上不同的烧制方式（窑烧和堆烧）和燃料对石灰质量的影响。

---

1. 陈尚隆，原纂，陈树谷，续纂.陈墓镇志 [M]. 中国地方志集成·乡镇志专辑6. 南京：江苏古籍出版社，1992：298.
2. 李东阳，等撰. 大明会典（第五册）[M]. 扬州：广陵书社，2007：2591.
3. 祝纪楠编著，徐善铿校阅，营造法源诠释 [M]，中国建筑工业出版社，2012.10：230.

4.1.2 传统石灰窑

图4-1 《天工开物》中取原材料蛎壳及烧蛎灰
图片来源: 宋应星.明本天工开物(二).北京:国家图书出版社,2019

根据前述分析及有限文字资料、考古发现等,我国的石灰烧制存在两种方式: 堆烧法(图4-1)和窑烧法。欧洲也有类似的历史(Matthew Hatton, www.geograph.org.uk/photo/4493765)。

堆烧法是将石灰原料直接堆在燃料(木柴、稻草、煤饼等)上进行烧制的一种方法,该方法简单易行,随时随地都可以进行,相对原始、粗犷,很容易理解,但是效率低。我国古代沿海地区使用牡蛎壳生产石灰,较多采用堆烧法。如《天工开物》中插图所示(图4-1)。因蛎壳较薄,生产时间相对以石灰石为原料的工艺大幅减少。

窑烧法相对规范,是现代石灰窑的早期雏形,其做法是将石灰原料和燃料放置在一定形状的"窑"内进行烧制的一种方法,包括近代牡蛎壳石灰的生产(图4-2)。

早期的窑主要是土制、石制,其形状主要是竖向桶装。陕西旬邑下魏洛新石器时代石灰窑,就是中国古代煅烧石灰所采用的典型的竖直式窑,从考古发掘看,下魏洛的石灰窑窑室平面近圆形,竖向弧形壁,火膛在窑体正下方,其为土制石灰窑。

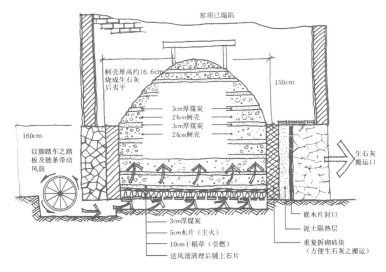

图4-2 台湾安平石灰窑博物馆展示的烧蚵灰窑遗址示意图
图片来源: 张嘉祥

河南巩义发现的唐代石灰窑遗址，也呈现出同样的竖直圆形窑室，以及火膛在窑室下部的特征，仍为土制石灰窑。

这种石灰窑被称为"野窑"，也叫土窑，一般会依托山体的地形优势（参见图 8-1 右）开挖形成，随着石灰需求增加，砌筑的土窑开始出现。但是受限于当时的燃料和建造技术，传统的石灰窑构造为单独的窑室连同燃烧炉膛，属于间歇式窑，即装窑、烧窑、冷却、出窑为一个生产周期，下一次煅烧再重新循环进行。

最早的土窑又有暗窑和半明窑。暗窑是完全开挖制成，这种窑一般完全由底部炉膛内不间断添加木柴、茅草等燃料进行煅烧。半明窑顾名思义是窑体的一部分在开挖土体以上，为露明部分，装窑方式为一层石灰石、一层煤饼堆砌而成，露明的部分外壁用黄泥等敷住，防止火焰外窜，保持窑内温度。

坑窑是一种地下开挖窑，地下开挖部分三面依托土体直接作为窑壁或黏土砖重新砌筑，另外一面由石灰石直接砌筑到顶，裸露在土体之外的石灰石依然采用湿泥加草覆盖保温，底部可能有若干个石灰石砌筑的拱形窑腔，用于引火燃烧，装填方式为一层石灰石一层无烟煤等燃料。

砌筑土窑是由石块砌筑结构或砖、石混合砌筑，窑的外观有固定的形状，一般底部较大，窑壁较厚，保证结构稳定性，外墙随着高度逐渐向中间倾斜。窑体正面（东或南），留开一个八字形有拱顶的窑门洞，设有窑门。通过窑门可进行装窑和出窑操作。窑的内衬多为黏土砖砌筑，外壁砖石构筑，窑衬与外壁添加干黏土夯实作为保温层。

土窑的容量一般都比较小，特别是坑窑，容积在 30～50 多立方米，石灰产量每次为 20～40 吨，甚至还有更小的坑窑。完全砌筑的土窑容积相对较大，高度可达 6～8 米，容积在 80～100 立方米，石灰产量每次为 65～80 吨。

石灰窑的生产过程主要包括装窑、烧窑、出窑，由于整个生产过程主要是人工搬运，烧窑周期较长，一般需要 12～15 天，其中装窑需要 3～4 天，烧窑需要 6～7 天，闷窑 1 天，冷却、出灰 2～3 天。

装窑工作十分笨重，但是对师傅的技术经验要求很高，主要原因是传统石灰窑每次装窑时都需要构筑窑腔（作为点火点或燃烧室），如果操作不当，可能会导致烧窑或出窑过程中的坍塌事故。窑腔一般为底面长方形、顶部拱形的石室，做好之后从顶部窑口继续逐层添加石块，大块放中间，小块靠窑壁，同时在石块之间或靠近窑壁预留垂直向上的通风口，通风口可以采用预埋木棒的方法，窑口内的通风口需呈星形、均匀分布。

烧窑的控制决定了出窑石灰的产量（生烧和过火石灰数量）。烧窑点火前要确定保温层是否做好，并预留通风口。烧窑过程中需要随时有人看守，特别是底部燃烧式的烧窑，需要分阶段控制火候大小，以完成石灰石从烘干、达到煅烧温度、保证煅烧时间的工艺要求。技术措施主要包括压火、引火、赶火。具体操作是由具有丰富经验的师傅，通过窑帽（顶部）孔隙随时观察窑内的情况，通过添加燃料或调整及开关通风孔进行控制。为了实现窑内石灰石的完全分解，烧窑的最后操作是闷窑，具体操作是：确定燃料完全燃烧后，封闭窑门及窑帽，持续 1 天。

冷却、出窑。闷窑结束后，窑内温度依然较高，可能高达 1000℃，窑冷却时需要打开窑帽和开启底部通风口，控制通风量由小变大，避免快速极冷导致大块粉碎，影响石灰质量。窑内温度降到 50℃ 以下时，开始出窑操作。出窑前需要对窑的底部和顶部进行清理。固定窑壁的石灰窑，需要操作工人进入窑腔内进行操作，存在一定的危险。因此需避免出窑过急，出现坍塌。小型坑窑需从顶部扒出。

传统石灰生产整个过程没有具体工艺参数可以参考，其以控制生烧和过烧量为生产目标。烧窑作为民间的技术工种普遍存在，过程控制主要依赖技术工人的经验，且决定了在同样原料的前提下，石灰质量的好坏。

传统石灰窑结构相对简单、灵活，燃料消耗量较大，产量低，劳动强度大，污染较大，随着社会的不断进步，在 20 世纪八九十年代已经基本被完全淘汰。

4.1.3 从土窑到现代立窑的演进

发表于 1958 年 5 月的初中化学教学挂图有关石灰的烧制提供了难得的历史资料（图 4-3）。原始资料实录如下：

石灰的烧制，系在石灰窑里进行。石灰窑有立式、卧式两种，常见的是立式窑。立式的高度约 8—20 公尺。在窑的内壁砌有耐火砖，以防止热量散失，在窑的顶部有加料斗，在窑的底部有吹进空气的入口和排出生石灰的旋转炉栅。在生产石灰时，将石灰和焦炭用卷扬机提升到窑，并通过加料斗均匀地装入炉中。炉料在窑中下降时与从窑底进入的空气相遇，此时燃料与空气作用，燃烧放出大量的热，使石灰石发生分解作用：

$$C+O_2=CO_2+ 热 \quad （f17）$$
$$CaCO_3 =CaO+ CO_2 \quad （f18）$$

产生的 CO_2 随燃烧后的气体上升，从窑顶气体出口处逸出，烧成的石灰则从窑的下方出口排出。

石灰的制可分三个阶段：预热区、煅烧区和冷却区。在预热区，石灰石的温度从

100℃逐步提升到900℃。在这一阶段开始时，炉料蒸发掉它吸附的水分，以后又发生了碳酸镁的分解（700℃~760℃）。在煅烧区，主要是燃料的燃烧和石灰石的分解，它的温度在900℃~200℃之间。冷却区在窑的下部，在这一阶段，烧成的生石灰被吹入的空气所冷却，当操作正常时，卸出的生石灰的温度不超过30℃~40℃。

烧成的生石灰的卸出是通过回转炉栅进行的。回转炉栅是一个可以回转的，具有螺旋阶梯形的底盘，在底盘的顶部有一生铁盖子，由送风机吹的空气可以由盖下的中心通过盖子的边缘进入炉中。操作时，以每小时1~2次的速度回转，并在回转时使生石灰从中心推向壁而后排出。

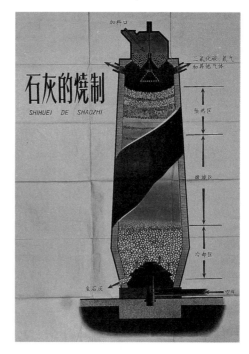

图4-3 1958年出版的初级中学化学教学挂图《石灰的烧制》
图片来源：吴迪胜编，蔡沈毅绘. 初级中学教学挂图 - 石灰的烧制 .
上海：教育图片出版社 ,1958

4.2 现代石灰窑结构及燃料

进入工业化时代后，建筑石灰大部分采用立窑，燃料以焦炭为主，其次为天然气。高质量的气硬石灰需要采用轻烧或中等温度在 900℃～1000℃ 烧成。 天然水硬石灰也采用立窑（和传统有关）烧制，温度为 950℃～1150℃。用于冶金等行业的高钙、高活性气硬石灰可以用作建筑石灰。

4.2.1 现代石灰窑介绍

1. 立窑和回转窑

欧洲大概在第二次世界大战后在保留传统石灰烧制工艺（图 4-5）的同时，完成了石灰窑的改造（图 4-4）。

我国传统石灰窑为间歇式生产，而普通立窑的出现使我国从 20 世纪 80 年代开始实现石灰的连续化生产（图 4-6），并以此为界限，开始了石灰窑的不断现代化改造进程。

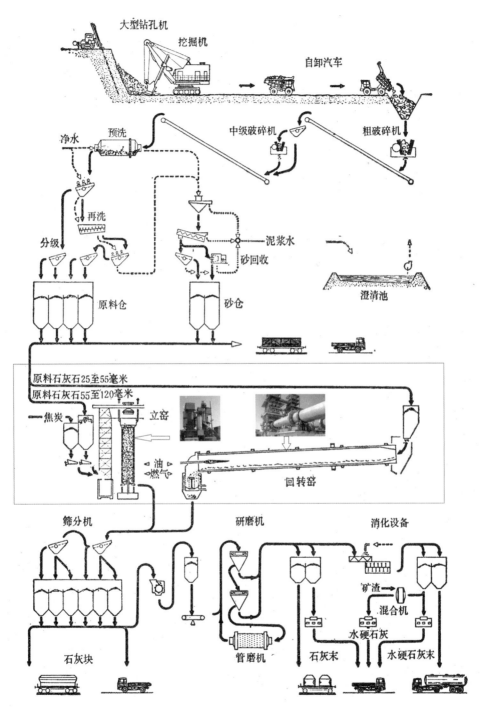

大型钻孔机

挖掘机

自卸汽车

净水　预洗　中级破碎机　粗破碎机

再洗

分级　泥浆水

砂回收

原料仓　砂仓　澄清池

原料石灰石25至55毫米
原料石灰石55至120毫米

焦炭　立窑

油
燃气

回转窑

筛分机　研磨机　消化设备

矿渣

混合机

水硬石灰

石灰块　管磨机　石灰末　水硬石灰末

图 4-4　现代石灰烧制工艺（根据席勒等补充）
图片来源：席勒 ,E, 贝伦丝 ,W［西德］著，陆华，武洞明译，石灰．上海：中国建筑工业出版社，1981

图 4-5 德国从 1881 年就开始生产的但是经过改造的传统石灰立窑
顶部给料口（只生产建筑用天然水硬石灰 NHL2）
图片来源：戴仕炳

图 4-6 我国在 21 世纪初保留的大量半机械化的立窑
图片来源：戴仕炳

改进方向包括产量的提升、原燃料的适应性、能效提升、机械化程度、质量需求、环保要求、尾气利用等方面。

按照结构划分，现代石灰窑可分为立窑（也叫竖窑）和回转窑（图 4-4，图 4-8）。立窑按照机械劳动强度分为普通立窑和机械立窑。普通立窑是人工加料、人工卸料或机械加料、人工卸料，主要是指早期出现的石灰窑型；机械立窑是指机械加料、机械卸料。随着技术的不断引进，立窑的类型还包括了双膛竖窑、套筒竖窑、梁式窑等。

目前，普通立窑随着国家环境保护要求的不断提高，已经基本被淘汰，机械立窑是现有普通建筑石灰生产的主要类型。

最简单的机械立窑由上下贯通的单个窑腔组成，窑腔内部形状包括直筒型、圆锥形、曲线型，其中曲线型窑腔多采用进出口小、中间大的形状，多酷似花瓶，这种窑型通过不断升级改造，一直被沿用至今，其主要特点是结构简单、占地小、投资小。

双腔窑，又称双膛式竖窑，属于瑞士迈尔兹并流蓄热式双腔窑，由两个结构相同并列布置的窑腔构成，操作时一个窑腔煅烧，一个窑腔预热，具有热能耗低、活性度高、占地面积小等特点。适用于热值大于 1600kcal/m³ 的燃料，该窑型的换向操作系统比较复杂，对技术要求较高，日常维护量大。

套筒式石灰窑是一种能够实现窑内逆流和并流焙烧且并流带能起到延长焙烧时间的大型石灰窑炉。1964 年内由德国贝肯巴赫公司发明，窑体由钢制外壳和内部上下套筒组成，从上至下大致分为四个区域，即预热区、上下燃烧室之间逆流焙烧带、下燃烧室下部并流焙烧带和冷却带，物料从环形空间通过，由于窑体外形也是竖直形状，因此也被称为环形立窑。套筒石灰窑的煅烧石灰石块粒径范围为 15mm ～ 150mm，具有热耗低、占地小、石灰产品质量高（活性度≥ 360ml）等特点。

按照燃料类型划分，可以分为混烧石灰立窑和气烧窑，混烧窑是指一般只采用固体燃料烧制石灰的窑，包括使用焦炭、煤等作为燃料的竖窑，目前石灰生产的大部分窑为这一类型。气烧窑是以高炉煤气、焦炉煤气、电石尾气、发生炉煤气、天然气等为燃料烧制石灰的窑，具有无煤滓等杂质环保等优点，但是我国气烧窑起步较晚，目前使用量较少。

图 4-7 德国 Otterbein 采用燃气烧制天然水硬石灰立窑
图片来源：戴仕炳

回转窑一种卧式转动的石灰窑，它由筒体、支撑、传动装置、窑头罩、窑尾罩等组成，通过从窑的底端（窑头端）喷入燃料，与物料进行逆流换热，完成石灰的烧制。回转窑是目前国内技术最成熟，使用范围最广泛的先进石灰窑，可用于高质量石灰的生产。其燃料适用性强，可使用煤粉及多种燃气进行生产，操作简单直观，机械化程度高，满足现代环保要求。但是，回转窑生产占地较大、能耗高、窑衬寿命短，维修保养相对复杂。

目前，建筑石灰的生产主要采用结构简单的普通机械立窑为主，其能满足对建筑石灰成本控制和质量的要求。

2. 机械窑的生产过程

主要包括装窑、烧窑和出灰。

装窑设备由传送机或提升机、布料器组成，其主要过程是经过计量控制的物料通过传统或提升设备被送到窑顶，加入布料器中，根据燃料比分别逐层加入窑炉中，正常的生产过程中，物料和燃料的比例保持不变，仅在起窑和停窑时会有适当调整。

烧窑即为石灰的原料在窑腔内的煅烧过程，根据不同温度窑腔可以分为预热带、烧成带、冷却带（图4-3）。石灰石被加入窑内依次要通过预热带、烧成带、冷却

图4-8 现代化回转窑

图片来源：https://www.ovsy.cn/product-15-1.html

带，以完成整个石灰石的分解过程。预热带位于石灰窑最上部分，高度约占全窑高度的 28% ～ 32%，预热温度可达 700℃ ～ 800℃（图 4-9），石块表面开始分解，同时在预热带完成热交换的烟气从窑顶被排出，预热带高度过短，将导致热量的损失，预热带高度过高会导致气流受阻，不利于物料的煅烧和传热。烧成带位于窑体中部，高度一般占全窑高度的 38% ～ 40%，燃料在这里完成燃烧，石灰石的主要分解带，温度可高达 1200℃，煅烧带的温度与物料配比、风量大小、风压高低有关。随着物料下移，煅烧带的物料被从底部进入的冷空气冷

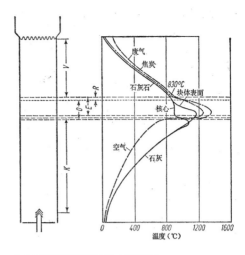

图 4-9 采用焦炭烧制高钙石灰立窑温度分布
图片来源：席勒 .E, 贝伦丝 ,W [西德] 著，陆华，武洞明译，石灰 . 上海：中国建筑工业出版社，1981

却，当温度降至 850℃时，即为煅烧带的终点。冷却带位于石灰窑的最低段，高度约占全窑高度的 30% ～ 32%，被煅烧的石灰石在冷却带被从窑顶进入的常温空气被注浆冷却，以保证石灰的出窑温度低于 50℃。

出灰即出窑，现代石灰窑的出窑设备主要包括出料机和卸料密封设备，主要控制出料的均匀，同时要保证在不停止鼓风的情况下完成出灰，以保证连续化生产。出灰的频率的快慢对石灰石的品质影响较大，过快出灰会导致煅烧带下移，煅烧时间过长，容易产生过烧。

4.2.2 燃料

1. 燃料的类型
烧制石灰煅烧的燃料包括固体燃料、液体燃料和气体燃料。

1）固体燃料
受制于燃料来源，古代烧制石灰采用的燃料主要为固体燃料木柴和煤（见本书 4.1 节及附录 A3）。现代石灰窑使用的固体燃料主要有焦炭和煤（图 4-10），并且对于燃料的技术指标进行了规定，主要技术指标包括灰分、挥发分、硫分、水分、热稳定性和机械强度，以及燃料热值的检测，用于确定燃料的用量（表 4-1）。

表 4-1 德赛堡试验窑（见第 8 章）使用的燃料技术指标

燃料类型	热值 kcal/kg	灰分	燃点	含水率	污染物	灰分主要成分
焦炭	6000～7000	＜13%	450℃～600℃	＜10%	无	氧化硅、氧化铝
机制木炭	8000	＜6%	320℃～400℃	＜5%	无	无机盐
木柴	3000～4000	＜6%	200℃～290℃	＜5%	1kg 木材燃烧产生烟气约 42m³	木材燃烧后留下的钙、镁、硅等的氧化物

图 4-10 法国 St Astier 生产水硬性石灰采用焦炭
图片来源：戴仕炳，2016

2）液体燃料

常用的液体燃料是重油，国产重油可分为 20、60、100、200 四个牌号，生产高活性石灰的工厂会对重油的质量提出要求，包括灰分、含硫量、水分和黏度等。

3）气体燃料

常用的气体燃料包括焦炉煤气、转炉煤气、高炉煤气、电石炉煤气、天然气等，可以是单独一种使用或是混合气体使用，主要技术指标要求包括发热值、烟气产率和火焰的黑度等。

2. 燃料的选取依据

至晚明代就开始使用煤进行石灰的烧制，但是由于不同地区经济条件及原料来源的限制，木柴等作为燃料一直使用到 20 世纪 80 年代，甚至更晚。随着现代石灰窑的出现，石灰烧制技术迅速提升，燃料的选择需要兼具考虑经济性指标、尾气利用的要求、窑型对燃料的要求及生产效率等因素。普通机械立窑属于混烧窑，根据窑型主要采用焦炭、烟煤等固体燃料，同时考虑尾气中二氧化碳的可回收利用时，焦炭由于燃烧灰分比较低，易于二氧化碳的回收利用，更满足对环保的要求；对于先进的石灰窑型，多采用气体作为燃料（图 4-7），根据环保和废气利用的要求，气体燃料多为高炉煤气、电石炉废气等。

4.3 "煅"之理化指标

4.3.1 不同类型石灰石在煅烧过程的化学、矿物学反应

1. 高钙石灰

高钙气硬性石灰是以碳酸钙（$CaCO_3$）为主要成分的石灰石经 900℃～1100℃ 煅烧生成生石灰（CaO）和二氧化碳（CO_2），其分解反应为：

$$CaCO_3 \rightarrow CaO + CO_2 \uparrow 吸热反应 \quad (f18)$$

2. 镁质石灰

镁质石灰的煅烧主要是以白云石为原料，经 700℃～1100℃ 煅烧而成，其反应后除生成生石灰（CaO）外，还生成氧化镁（MgO），排放二氧化碳（CO_2），其分解反应为：

$$CaCO_3 \cdot MgCO_3 \rightarrow CaCO_3 + MgO + CO_2 \uparrow 吸热反应 \quad (f19)$$

$$CaCO_3 \rightarrow CaO + CO_2 \uparrow 吸热反应 \quad (f18)$$

3. 泥灰岩、硅质灰岩烧天然水硬石灰

天然水硬石灰以天然泥灰岩、硅质灰岩为原料，经 950℃～1150℃ 煅烧，其反应过程中除了发生碳酸钙的分解外，同时因为泥灰岩中含有二氧化硅（SiO_2）、氧化铝（Al_2O_3）、铁的氧化物（FeO、Fe_2O_3）等，还会发生固相反应，其主要反应如下：

$$CaCO_3 \rightarrow CaO + CO_2 \uparrow 吸热反应 \quad (f18)$$

$$CaO + xSiO_2 \rightarrow x\,CaO \cdot SiO_2 \,放热反应 \quad (f20)$$

$$Al_2O_3 + x\,CaO \rightarrow x\,CaO \cdot Al_2O_3 \,放热反应 \quad (f21)$$

$$Fe_2O_3 + x\,CaO \rightarrow x\,CaO \cdot Fe_2O_3 \,放热反应 \quad (f22)$$

泥灰岩煅烧过程中化学反应复杂，SiO_2 与 CaO 不同温度条件反应可生成偏硅酸钙（$CaO \cdot SiO_2$）、二硅酸三钙（$3CaO \cdot 2SiO_2$）、硅酸二钙（$2CaO \cdot SiO_2$）、硅酸三钙（$3CaO \cdot SiO_2$）等（图 4-11），硅酸二钙和硅酸三钙是天然水硬石灰的主要水硬性组分，也是水泥中常见的有效水硬性组分，硅酸二钙存在 α、β、γ 三种变体，其中 α、β 生成温度较高，且两种均不稳定，有转变为水硬性微弱的低温变体 γ 的趋势，因此为了保证较强的水硬性，在较高的烧成温度下需快速冷却生石灰，且固溶相有少量的氧化物——氧化铝、氧化铁、氧化钠、氧化钾、氧化镁等时，通常均可保证 β 变体的存在。现代研究实验发现 950℃～1150℃烧成的天然水硬生石灰中还含有很大一部分熔融体和未烧透的石灰石（参见图 5-7）。

由于石灰中有过量的 CaO，在较高的煅烧温度或较长的煅烧时间情况下，反应总是会朝着 CaO 最大饱和的 $3CaO \cdot SiO_2$ 进行，由于 $3CaO \cdot SiO_2$ 水化速度快于 $2CaO \cdot SiO_2$，因此高的煅烧温度或较长的煅烧时间对天然水硬石灰的凝结时间具有重要影响。NHL5 中一般含有较多的硅酸三钙，NHL2 中含量较低，主要为硅酸二钙。

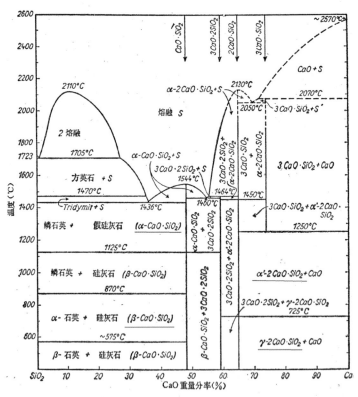

图 4-11 在含硅的石灰岩中发生反应的钙 - 硅体系

图片来源：席勒.E,贝伦丝,W [西德] 著，陆华,武洞明译，石灰.上海：中国建筑工业出版社，1981

天然水硬石灰煅烧过程中，Fe_2O_3、Al_2O_3含量相对较少，为次要的固相反应，CaO 与 Fe_2O_3 的反应会生成铁酸一钙（$CaO \cdot Fe_2O_3$）、铁酸二钙（$2CaO \cdot Fe_2O_3$），这一反应在 800℃～900℃便开始进行。若燃料的不完全燃烧产生 CO，还会可能将 Fe_2O_3 还原成 FeO，并生产易熔的化合物，构成对窑衬的威胁。CaO 与 Al_2O_3 的反应在 500℃～900℃之间就可以发生，在 1000℃时反应进行很快，反应会生成铝酸一钙（$CaO \cdot Al_2O_3$）、铝酸三钙（$3CaO \cdot Al_2O_3$），导致石灰活性的降低，CaO 与 Fe_2O_3、Al_2O_3 三相反应还可以生成水泥中常见的铁铝酸四钙，由于其熔点较低，在煅烧带易形成液相，是石灰窑内熔融固结的主要原因。

若石灰原料中存在过多的碱性杂质 K_2O、Na_2O，在较低的煅烧温度条件下，也会发生熔融，从而导致结窑。

4.3.2 温度

"煅"为石灰石采用燃料在窑中烧变为生石灰的过程。"煅"的术语描述中，除燃料外，还包含了定量化的"温度"、"时间"和窑中温度的时空变化等概念。过低或过高的温度、过短的时间均不能烧制高质量的生石灰。

1. 气硬石灰烧制温度

"黄白"或"白色"的白云石石灰岩或白云岩的分解温度为 730℃～900℃，或更低。烧白云石的温度高于 900℃时，烧出的生石灰不能用作建筑材料。烧钙质石灰石的温度需要在 900℃～1000℃。

煅烧温度越高，碳酸钙的分解区扩展越快，但制得的生石灰也越硬（图 4-12）。

高钙石灰的活性高低主要由温度决定，通常情况下，高温煅烧会导致生石灰的活性降低（图 4-13）。低温（如 900℃）煅烧更能保证生石灰的高活性。煅烧温度的增加可导致晶粒的长大，活性降低，可见煅烧温度的高低比煅烧持续时间的长短更重要。

2. 天然水硬石灰烧制温度

烧制具有水硬性的生石灰除原材料含有泥质、硅质外，煅烧的理想温度在 950℃～1150℃（图 4-14）。传统石灰窑的温度一般在 900℃～1000℃，现代石灰立窑的烧成温度范围在 1000℃～1200℃甚至更高，均可满足烧天然水硬生石灰的温度要求。而且低温（如 950℃）烧成的天然水硬石灰尽管抗压强度比高温烧成的天然水硬石灰低，但抗折强度差别不大，具有更好的韧性。

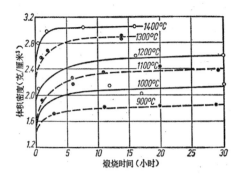

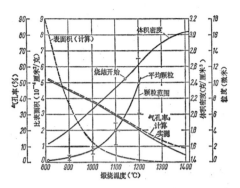

图 4-12 高钙石灰煅烧温度、时间与生石灰的容重的关系
图片来源：席勒.E,贝伦丝,W[西德]著，陆华,武洞明译，石灰.上海：中国建筑工业出版社，1981

图 4-13 高钙生石灰的性能与温度关系（随着温度的升高，生石灰的密度增加，颗粒变粗，气孔率下降）
图片来源：席勒.E,贝伦丝,W[西德]著，陆华,武洞明译，石灰.上海：中国建筑工业出版社，1981

4.3.3 煅烧时间

石灰石煅烧时间的长短主要取决于煅烧温度和石灰石粒径大小，传统的石灰窑由于所能达到煅烧温度较低，不超过 1000℃，这时就需要通过闷窑方式延迟煅烧时间，闷窑时间通常为 1—3 天，以达到煅烧完全的目的。现代石灰窑为了提高生产效率，进窑的石灰石粒径通常较小，在较高温度条件下，石灰石很快分解，煅烧时间明显减少。如果原料粒径较大，由于生石灰的导热系数小于石灰石，随着生石灰层厚度的增加，热量进入石灰石内部的难度增加，完全烧透需要停留的时间延长。

4.3.4 石灰石原料粒径

石灰石的粒径根据所选择的石灰窑型不同，其要求亦不尽相同。普通的机械立窑的石灰石粒径范围是

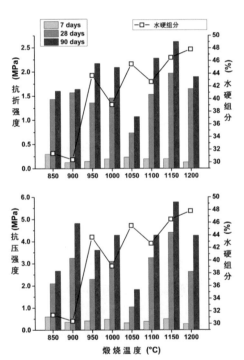

图 4-14 根据强度、水硬组分含量等参数确定的天然水硬石灰最佳烧制温度为 950℃～1150℃
资料来源：Valek,J.et al. Determination of optimal burning temperature ranges for production of natural hydraulic limes, Construction an dBuilding Materiasl, 66.2014

80 ～ 120mm，回转窑煅烧粒径较小，可烧制 ≥ 5mm 的石灰石。现代化的石灰生产企业配置有两种窑，以最大化利用原材料（图 4-4）。无论哪种窑型，石灰石粒度与煅烧时间均存在直线关系，即石灰石粒径越小，煅烧速度越快。石灰石粒径大容易产生生烧，且停留时间较长。石灰石粒径偏小，则容易过火或过烧。同时，石灰石的粒径均匀性不好时，也会产生过烧和生烧。

4.3.5 窑内气氛

煅烧过程中影响石灰反应速度的因素除了温度、时间和石灰石粒径外，窑内的二氧化碳分压也会影响石灰石的分解反应。根据石灰的分解反应式（f18）

$$CaCO_3 = CaO + CO_2 \uparrow \quad (f18)$$

可知，石灰窑内二氧化碳的及时排除有利于石灰石的分解，通常加强通风是降低窑内二氧化碳浓度的有效方法，但是过量的通风也同时会导致热量的大量散失以及燃料的快速燃烧。

4.4　煅烧过程的环境问题

石石灰的煅烧过程会产生一定的粉尘，同时会产生二氧化碳（温室气体）、一氧化碳（有毒气体）、二氧化硫（腐蚀性气体）、氮氧化合物（腐蚀性气体）等大气污染物。二氧化碳除了源自石灰石的分解外，也来自燃料的燃烧。现代石灰窑可以采用粉尘收集设备、除硫、除碳设备等去除污染物，达到清洁排放。因此重启部分石灰窑，按照传统工艺烧制建筑用石灰（参见本书 1.4.2 节）可保护活化再生传统工艺，促进经济发展，对环境也不会造成危害。

4.5　思考题

（1）窑的类型对石灰烧成的意义？
（2）高温烧成的过火石灰的机理是什么？
（3）天然水硬石灰熟料烧制需要的能耗为什么低？
（4）在当前强调环保的政策背景下，请思考石灰烧制工艺的发展方向。

第 5 章 由生变熟 ——"解"

本书将生石灰通过风、水（湿）、磨等转变成可以使用的熟石灰的过程称作"解"，取《本草图经》"置风中自解"及"热蒸而解"等中的"解"。《说文解字》中，"解，判也"。"灰作"概念中的"解"是将煅烧好的生石灰通过"消解"或"化"过程转变为可以掌控的消石灰或熟石灰的工法。消解是决定建筑石灰自身性能的最后也是最重要的一个环节。

石灰的"消"或"化"、"解"的三种方式包括：风吹、水沃（如泼灰、煮浆灰）、粉磨，石灰的消解主要是生石灰与水的反应过程，因此加水方式和水量是实现石灰消解的关键，如何选择由生石灰的类型和用途决定。我国古代的石灰消解采用过"风吹"或"风化"的方法，也采用过水沃。纯石灰石煅烧得到的气硬性石灰既可以采用水沃得到石灰膏或石灰粉，也可以风吹而得到"细灰"。非纯石灰石低温煅烧得到的生石灰经"风吹"后为具有水硬性的石灰。天然水硬石灰必须通过干法消解或控制下的水沃获得。粉磨可以增加石灰的细度和反应速度，并使水硬性组分得到发挥。

5.1 我国古代文献中的石灰消解

煅烧出的生石灰呈块状（所谓矿灰），质硬而坚，需要消解成熟石灰方可使用，这在古代文献多有记载，也是保障石灰质量的关键步骤。但是，近现代建筑石灰生产企业将"消解"作为企业的核心技术机密 (know-how)，密不外宣，使得学术及实际工程领域对消解知之甚少，曾导致某文物保护工程项目专家提出"严禁袋灰"（不准使用从市场采购的袋装石灰粉）这种奇怪的意见。

5.1.1 灰之解

石灰作为建筑材料，未经消解前除用于改性土夯筑外，不能用于营造或装饰，这是与其他用途石灰的最大区别之一。

古文献中即有用未消解的"新灰"营坟失败的记载："今中人家葬者，用石灰于砖椁内四旁。其灰须筛过，使去火气，方可纳之，久则萦结坚固。向闻一家用新灰实棺外，本以防湿，不知灰近木，兼土气蒸逼内中，遂自焚毁，椁封随堕陷。[1]"文中"火气""灰近木"为臆说，不能用新石灰的原因在于新石灰与渗入墓穴的地下水反应后放热并体积膨胀，腐蚀木质棺椁、挤压墓室砖墙和上部封土，造成封土塌陷。

在中国历史上，石灰有两种消解方式：风化和水化，前者为静置于空气中的干法消解，后者为石灰加水的湿法消解。至晚到宋代已经有明确的文字记录，两种消化方式所得石灰的不同，《大观本草》引《本草图经》："石灰，生中山川谷，今所在近山处皆有之。此烧青石为灰也，又名石锻。有两种：风化、水化。风化者，取锻了石，置风中自解，此为有力。水化者，以水沃之，则热蒸而解，力差劣。"

5.1.2 风化消解与风化石灰

虽然在最早关于石灰消解的文字记载中有，"以水沃之，即热蒸而解末矣"，显示石灰是以"水沃"，也即水化方式消解，但随着南北朝时期炼丹术的发展，风化消解方式至晚到唐代已经成为一种"标准"的消解方式。以此方式得到的"风化石灰"大量出现在道教"丹方"著作和各种中医典籍中。最早可见于唐代《龙虎还丹诀》，在其 "出红银砂子晕方"中有记："右取煮洗了砂子，作小挺子，以风化石灰纳铁箭中散安，将挺子插于灰中，固济，不固亦得。[2]"该方是以砒霜和铜制备银白色的砷白铜，以演示"点铜成银"。虽然此丹方并无实际价值，但说明古人已经注意到了风化消解的石灰与其他石灰有性能差异，因此专门提出"风化石灰"以示区别。

《本草图经》认为"风化石灰""有力"，以"水沃"方式消解的石灰则"力差劣"，应该都是从"药效"方面论证的。宋代以后，这一更为"有力"的"风化石灰"成为常用中药，见于各类医典如《普济方》《赤水元珠》《圣济总录纂要》《证治准绳》《云笈七签》等。试举一例，《古今图书集成·博物汇编·艺术典·医部全录》之"背脊门"有"治痈疽发背初肿时：方用风化石灰二两，细辛一两，共为粗末，用热酢调匀，敷患处，干再敷，三上，其肿即消。[3]"中医认为"风化石灰"有解毒防腐、收敛止血的功用，至今仍作为小单方应用于临床。而在医方中"石灰"、"新石灰"、"陈石灰"和"风化石灰"均有，其中的"陈石灰"应也是"风化"消解方式得到的石灰。

1. 叶权，王临亨，李中馥. 贤博编 粤剑编 原李耳载 [M]. 北京：中华书局，1987: 23.
2. 金陵子. 龙虎还丹诀 [M]. 上海：涵芬楼影印，1924: 73.
3. 钦定古今图书集成·博物汇编·艺术典·卷198·医部汇考178·脊背门四. 故宫博物院典藏雍正四年铜字本.

而在营造方面，风化石灰是否比水化石灰更为"有力"？《天工开物》有："（石灰）置于风中，久自吹化成粉。急用者以水沃之，亦自解散。"据此推测，在空气中静置并逐渐风吹成粉，应是石灰在明代常规的消解方式，因为水沃只是"急用"时才采取的做法。限于当时的科学技术水平，宋应星无法对风吹消解的石灰性能做出解释。

从文献资料推测，我国明清时期民间营造活动中，消解石灰的两种方式应该都有采用。然则宋应星所记"风吹"为常态是否能反映历史事实？虽然宋应星于《天工开物》序中写道："随其孤陋见闻，藏诸方寸而写之，岂有但者？"但考虑到他出生并长期生活辗转于江西，他所游历的赣、徽、苏、浙、川等地均为石灰的重要产地，书中描述的工法应具有一定的普遍性。

晚清南方环太湖地区，"灰之经风化而成粉末者，称为细灰。[1]"打油灰则必须用细灰（见附录 A3）。据研究，风吹成粉的石灰虽然短期强度低，但凝结速度快，有利于缩短工期，且后期强度较高。

5.1.3 "水沃"

从前文引陶弘景的记述可知，"水沃"消解是最先出现的石灰消解方式。在此过程中，氧化钙（CaO）与水反应生成氢氧化钙〔$Ca(OH)_2$〕并释放大量的热，常导致水沸腾，因此张华形象的记述为"烟焰起"。按冯蒸主编《古汉语常用字字典》，"沃"后为动词，是浇、灌的意思。从古人发现石灰的可能起因——山火烧过的石头被雨水浇过崩解，不难推测水化方式应该是古人最先掌握的消解技术。

可能水化消解实在过于简单，清代以前文献中没有检索到与此有关的技术细节。刘大可在介绍明清古建筑土作技术时简要提及了石灰的水化消解：首先是生石灰块的块末比应在 5：5 以上，即应保证至少有一半以上的块状生石灰；其次最好使用泼 1~2 天的灰，最迟不超过 3~4 天，消解时间超过一个星期的白灰应改做他用；最后，泼灰时不宜泼得太"涝"，尤其是不能使用被大雨冲刷过的泼灰。值得注意的是，这是石灰用于土作也就是夯土基础时的水化要求，并非适用于其他的营造工序。

清代以后，随着制备抹墙用石灰膏，人们发现用水陈化能极大增强石灰浆的黏结性和细腻程度，且石灰膏的保存和使用也极为方便，因此以水陈化逐渐成为石灰消解的主流工艺，风吹成粉工艺接近失传。现代研究也证明陈化的石灰膏比消石灰粉的粘性高（表现在抗压强度及黏结力上，参见图 7-7）。

---

1. 祝纪楠编著，徐善铿校阅，营造法源诠释 [M]，中国建筑工业出版社，2012.10：230.

5.2 风化——水沃成灰现象与性能验证

对现代石灰厂（主要用于炼钢）的原材料分析发现，在块状到条带状的石材中，含有一定的泥砂等杂质（图 5-1），含量在 5% ～ 10% 之间。取自采用这些石灰石烧制的生石灰含有一定的水硬性组分（图 5-2）。

2016 年，笔者研究团队对这些生石灰进行了不同的消解实验，包括风化成灰等。

风化成灰的过程是指烧制的生石灰块在自然通风条件下自然消解成消石灰的过程，其过程见图 5-3，石灰的风化消解过程相对比较缓慢，石灰块首先出现开裂，随着时间的延长，逐渐出现粉化，最终完全消解成消石灰粉，根据生石灰块的大小、堆积厚度、空气湿度以及风速等不同，完全风化消解的时间不同，一般少于 1 个月。

水沃成灰的过程首先是过量水的参与，并发生剧烈的放热反应，反应温度可达 200℃以上，反应较快，消解时间主要与生石灰块的大小、煅烧程度、堆放厚度有关，由于过火石灰的存在，用于抹灰的水沃石灰通常需要放置 15 天。

5.2.1 不同消解方式石灰中矿物组分的变化

研究表明，在风中变成粉的石灰中矿物组分复杂，除氢氧化钙、碳酸钙等外，风

图 5-1 某石灰厂采用的原材料块状 - 条带状石灰岩含有 5% ～ 10% 的杂质
图片来源：戴仕炳

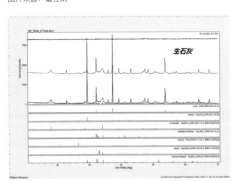

图 5-2 取自常规立窑的生石灰，含有约 10% 水硬性组分硅酸二钙
图片来源：石登科

图 5-3 风吹后生石灰状态变化
图片来源：戴仕炳

吹 15 天，仍然能够检测到氧化钙，而 21 天后已经检测不到氧化钙。其中风吹 15 天、21 天的石灰粉中均检测到了斜硅钙石（larnite），一种不具活性的硅酸盐，在 21 天的石灰粉中发现硅酸钙氧化物或硅酸三钙。

在"水沃"的石灰中，斜硅钙石、硅酸钙氧化物或硅酸三钙等全部消失，只有氢氧化钙及少量碳酸钙（图 5-4，表 5-1）。说明加入过量的水使可能具有活性的硅酸钙发生了水合，失去应有的黏结作用。

5.2.2 "风吹成粉"方法消解出的石灰性能

研究表明，"风吹成粉"的方法消解 21 天获得的消石灰初凝时间为 1 小时，终凝时间为 3 小时，凝结时间很短，相比下"水沃"的石灰初凝则需要 70 小时（图 5-5）。在强度方面，"风吹成粉"具有较高的抗压强度，28 天抗压强度与欧洲标准的天然水硬石灰 NHL2 接近，远高于"水沃"的石灰浆和现代的工业消石灰 CL90（图 5-6）。

研究表明，风吹试验所采集的样品属于轻烧石灰石，尽管没有烧制的温度记录，但保留了较多的未烧透碳酸钙，也验证了 Valek 的实验成果（图 5-7）。笔者研究团队在 2018 年从相同的生产企业采购 10 吨进行规模实验的时候发现，2018 年的石灰为过烧石灰，含有大量的硅酸三钙，通过风吹消解得到的石灰是无水硬性的易膨胀的石灰（见第 8 章）。

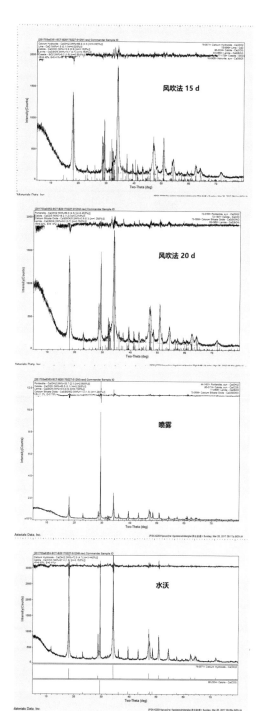

图 5-4 XRD 分析下不同消解方式矿物相的变化（风吹 15 天和 21 天、水沃等）图片来源：石登科

表 5-1 不同消解方式的组分变化

消解方式	主要组分及半定量含量	次要组分
未消解生石灰	氧化钙（25%）、碳酸钙（30%）、硅酸二钙（10%）	氢氧化钙等
风吹 14 天	氧化钙（25%）、氢氧化钙、碳酸钙（30%）、硅酸二钙（10%）	—
风吹 21 天	氢氧化钙、碳酸钙、硅酸二钙	—
喷雾	氢氧化钙、碳酸钙	硅酸二钙
水沃	氢氧化钙、碳酸钙	—

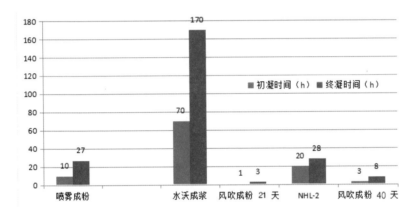

图 5-5　不同消解方式石灰的凝结时间
图片来源：戴仕炳

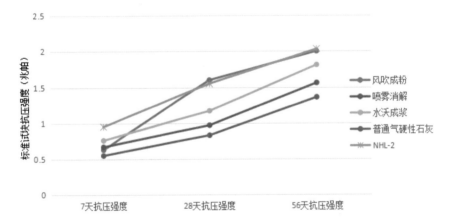

图 5-6 不同消解方式石灰的抗压强度
图片来源：戴仕炳

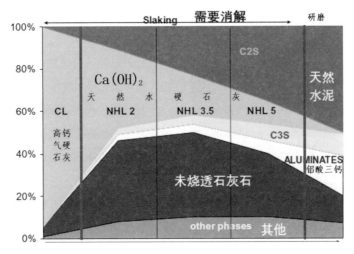

图 5-7　气硬高钙石灰 - 天然水硬石灰中主要组分（基于不同温度下天然水硬石灰组分实验研究成果，非市售石灰的组分，较高的未烧透石灰石说明烧制天然水硬石灰的难度）

图片来源：Valek，2014

5.3　气硬性高钙石灰"解"之理化指标

5.3.1　消解需水量及放热

　　气硬石灰消解是指生石灰中的氧化钙或氧化镁与水反应生成氢氧化钙或氢氧化镁的过程，理论反应式如下：

$$CaO + H_2O \rightarrow Ca(OH)_2\ 放热　　(f23)$$

$$MgO + H_2O \rightarrow Mg(OH)_2\ 放热　　(f24)$$

　　根据化学反应计算，氧化钙与水完全反应，需要其重量约 32% 的水，氧化镁与水完全反应需要其质量约 45% 的水。但实际消解过程中，由于反应放热（图 5-8），导致大量的水散失，生石灰的实际加水量远大于理论值，同时氧化镁在实际反应过程中十分缓慢，特别是在石灰煅烧过程中氧化镁与氧化钙形成混晶体，很难消解，因此镁质石灰的消解实际加水量更难估算。近代采用高压方法才能使轻烧 MgO 充分消解。

　　实际工程中，气硬性熟石灰存在的两种状态，一种为膏状，俗称石灰膏，一种为粉状，俗称熟石灰粉，也叫消石灰粉。石灰膏以一种完全消解且存在富余水的状态存在，为了防止其碳化，往往其表面还会保存有不少于 20mm 深度的水层，或置于密封状态（参见图 6-1）。因此，若要得到石灰膏，消解的加水量必须足够多，通常所需的加水量不少于生石灰重量的 1 倍。而由生石灰变成消石灰粉，所需的加水量通常也远大于

图 5-8　生石灰放热，也可用于控制消解进
图片来源：戴仕炳

理论加水量，大概需要加入生石灰重量的 70% ～ 80% 的水。

此外过烧的气硬性石灰因颗粒致密且粗，消解速度极其缓慢（图 5-9）。

我我国古代为了保证石灰具有更高的早期强度，也将生石灰长时间放置，通过吸收空气中的潮气自然风解成粉。现代的石灰消解中，采用人工消解时，为了得到消石灰粉，通常会加入使生石灰变为潮湿状态的水量，然后在经过不少于 7 天的放置，以达到完全消解的目的。

5.3.2　安定性

建筑石灰的安定性对于使用质量而言特别重要，安定性不合格的石灰不仅不具有粘性，而且会产生膨胀性破坏。例如抹灰出现爆点（图 5-10）、灌浆爆裂（图 5-11）、强度失效等。

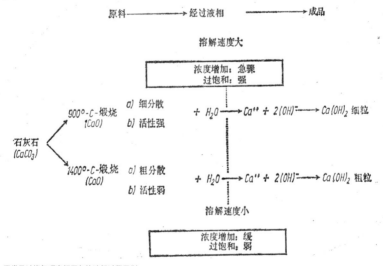

图 5-9　正常及过烧气硬高钙石灰的消解过程区别
图片来源：席勒 .E, 贝伦丝 ,W ［西德］著，陆华，武洞明译，石灰 [M]. 上海：中国建筑工业出版社，1981

图 5-10　安定性不合格的泼灰导致的爆点
图片来源：戴仕炳

图 5-11　采用安定性不合格的石灰墙体灌浆实验
出现的爆裂
图片来源：胡战勇

石灰产品安定性不合格的主要原因是石灰产品中的过火石灰含量过高，随着石灰煅烧效率的不断提升，为了缩短煅烧时间，石灰的煅烧温度不断升高，煅烧的石灰产品中存在过火石灰的概率较高，过火石灰由于致密度较高，消解初期阶段颗粒粗（图5-9），很难被完全消解，潜伏时间较长（过火石灰的潜伏时间一般为几个月，如果外界气候干燥，可能会需要更长时间），极易产生后期破坏。对于天然水硬性石灰而言，由于消解过程需要严格控制水量，过火石灰以及不完全消解石灰的存在都会导致水硬性组份早期形成的强度在后期失效。

因此，应用于建筑的石灰，无论是传统泼灰还是水硬性石灰，均需要参照现代检测标准测定安定性（图 5-12）。

5.3.3　粉磨及细度

石灰粉磨工艺（图 5-13）提升了建筑石灰生产效率，拓展了石灰的应用领域，并节约资源。采用的主要设备有雷蒙磨、滚筒磨等。粉磨可以是生石灰的直接粉磨，用于作为一种具有膨胀特性的产品在使用中被消解，例如用作无声膨胀剂、用于生土垫层或城墙的夯筑以及通过热蒸汽消解制作加气砌块等。粉磨也可以用于消石灰的生产，目前采取的生产方式是边消解边粉磨，具有水量控制均匀、准确、效率高等优点。天然水硬石灰的消解主要采取的就是消解粉磨的方式。

粉磨后的细度采用筛余量判断，细度决定了需水量、反应速度、收缩度等指标。5.4

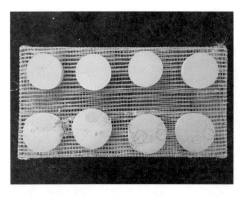 

图 5-12 安定性检测是评估建筑消石灰质量的重要指标之一
图片来源: 石登科

图 5-13 实验室用粉磨设备
图片来源: 戴仕炳

5.4 我国建筑用气硬性石灰消解方式

5.4.1 人工消解

人工消解石灰的过程具有生产过程简单、成本低、质量控制粗犷等特点, 一般仅应用于基建型建筑工程或传统工艺要求的项目, 例如公路灰土垫层、砌筑灰浆、古建筑砌筑及抹灰等。

1. 泼灰

泼灰, 将块状生石灰制成粉状消石灰的人工消解方法。使用泵送水或人工喷水, 对出炉后堆放的生石灰块进行喷淋, 石灰块的堆放厚度依据灰块的大小从 15~50cm 不等, 水量控制或粗略计量或人工经验控制, 一般淋水后需要继续堆放 5~7 天 (图 5-14), 根据具体的使用要求后续可采取过筛粉磨或直接过筛使用, 此法消解的石灰可能存在一部分的生烧或过火石灰。该种方式消解石灰目前主要用于公路灰土垫层或灰浆砌筑等质量要求相对宽泛的领域。

2. 石灰膏或煮浆灰

获得膏状石灰, 或叫作煮浆灰的人工消解方法, 主要是将生石灰块放入消解池内, 浇入过量的水进行浸泡消解 (图 5-15), 完整的工艺流程为: 灰块→浇水→淋灰 (过滤) →陈腐→使用, 石灰陈腐的时间一般不少于 15 天, 用于罩面的灰不少于 30 天, 该方式消解的石灰主要用于混合砂浆和墙面灰膏的制备。

图 5-14 粉状石灰的人工消解，淋水后放置
图片来源：胡战勇

图 5-15 建筑工地水沃消解石灰
图片来源：胡战勇

5.4.2 机械消解

随着社会发展，石灰产品质量不断提升，机械化消解已经成为石灰消解的主要方式，且技术还在不断得到提升。机械化消解基本可以实现全过程的精确控制，产品质量稳定、产量高、环境污染小，可以实现不同纯度及不同类型的石灰产品的生产。我国一部分建筑用石灰、保护文物建筑修缮工地使用的石灰为机械消解的石灰。机械化消解的气硬性消石灰粉（所谓的袋灰）也可加水陈伏制得石灰膏而克服工地消解的场地困难。

图 5-16 国内石灰消解工厂的消解、研磨生产线
图片来源：胡战勇

工厂化的机械化生产需要固定的厂房及生产设备，且需要满足一定的规模要求，一次性资金投入也相对较大。

机械消解完整工艺流程应该包括：筛分→破碎→消化→研磨→选粉→收集。

机械化消解的设备主要包括：传送系统、筛分机、破碎机、提升机、消化器、研磨机、除尘系统、选粉机、原料仓、成品仓等（图 5-16）。

5.5 天然水硬石灰的消解

我国现有的石灰类型中还不包括天然水硬石灰，也没有天然水硬石灰生产厂家。但是在欧洲已经有近 200 年天然水硬石灰的生产历史。天然水硬石灰是现代水泥出现之前的传统无机胶粘材料，它的固化机理得到了科学的诠释，从而在遗产保护及生态建筑领域筑牢了地位。

这种特殊的石灰类型，由于它含有遇水发生水合反应的水硬性组分，因此其消解工艺控制不同于普通气硬石灰。为了最大限度地保留天然水硬石灰的水硬性组分，消解过程中必须严格控制加水量和加水方式，过量且集中的人工消解加水方式必然会导致水硬性组分的水合而失效。粉磨后的雾化机械化消解方式也不利于水硬性组分的保留。目前，欧洲的天然水硬石灰的生产技术相对成熟，主要消解设备是消解炉（图 5-17），其工作方式是块状石灰的喷淋消解同时保证活性硅酸二钙不受到过多水而水解。消解后的天然水硬石灰一般需要进行粉磨，以增加细度和活性（图 5-18）。

5.6　欧美其他传统石灰消解方式

5.6.1　堆砂消解法（又称热石灰法，hot lime technique）

将生石灰和湿河砂分层堆放（参见图 8-3 左图），用时混合均匀的方法。此法既可消解气硬性石灰，也可消解天然水硬石灰。采用具有水硬性组分的生石灰需要在闷 24 小时后及时使用，而采用气硬性生石灰（参见图 8-3）可在数天内使用。

5.6.2　研磨

如前述，研磨是天然水硬石灰在采用水消解后的最后一道重要工序，以使其满足石灰的使用要求。而研磨更是天然水泥最重要的"消解"方法（图 5-19），天然水泥不可采用水消解。这种天然水泥快硬（可以添加柠檬酸等延缓初凝时间），但是多孔透气，在今天仍然是欧洲文物建筑修复使用的材料之一。

图 5-17　法国石灰厂的消解炉
图片来源：戴仕炳

图 5-18　德国 Hessler 生产天然水硬石灰粉磨
图片来源：戴仕炳

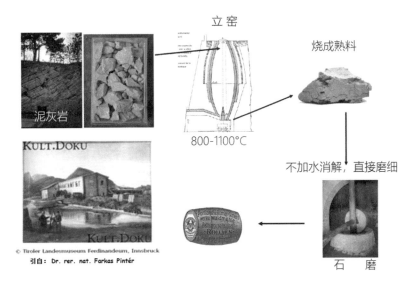

立窑

烧成熟料

泥灰岩

800-1100℃

不加水消解，直接磨细

KULT.DOKU

KULT.DOKU

© Tiroler Landesmuseum Ferdinandeum, Innsbruck
引自：Dr. rer. nat. Farkas Pintér

石磨

图 5-19 研磨，用于天然水泥（罗马石灰）的生产（天然水泥的生成流程，不用水消解，而采用石磨磨细，引自：Dr. rer. nat. Farkas Pintér， 戴仕炳翻译）

5.6.3 高压消解镁质石灰

在白云石灰岩大量产出的地区，如何使用镁质石灰是难题。我国明代建造长城是如何掌握镁质石灰消解并将其使用的，还是未解的疑团。早在 19 世纪，高压消解法被发明，即将镁质石灰置于 1.7 ～ 7 个大气压，115℃～ 165℃高压釜中消解，消解完成后再粉磨，得到的镁质石灰安定性合格，具有高强度及极佳的塑性，在美国这被称作 S 型石灰，在美国建筑修缮翻新中的使用量超过 50%。

5.7 思考题

（1）现代建筑体系中，"风吹石灰"是否仍有研究和使用价值？

（2）"煮灰浆"是什么类型的消解方式？

（3）为什么水硬性石灰的生石灰不可以采用"煮"的方式消解？

（4）几种传统的石灰消解方式各有什么优劣？

第6章 "方"——文化遗产保护实用石灰配方

本书采用的"方"，按照清代段玉裁《文解字注》：船也。取其引申意"为方圆，为方正，为方向"。建筑石灰的配方千变万化，难以穷尽，只能提出配方的方向。我国古代诸多配方，大多为文字描述，也有少量定量实录，难能可贵。

《天工开物》描述了明末随建造类型的不同而使用不同的石灰配比。总结后可以归纳为砌筑灰浆、粉刷抹灰、三合土地面及防水防渗勾缝灰浆等。

(1) 砌筑灰浆：筛去风解石灰中的石块，加水则用（注意：这里没有添加其他组分）

(2) 粉刷：沉淀，过滤添加纸筋（这里使用的石灰应为风解的粉状石灰）。

(3) 地面铺装：采用油灰即桐油、鱼油调制的石灰。添加桐油等的油灰具有防渗、防潮功能，可以隔绝水汽。

(4) 墓葬或蓄水池：采用一份灰：三份河沙黄土，并用糯粳米、杨桃藤汁和匀。

除天然材料可以添加到石灰中提升灰浆的性能外，现代应用建筑化学研究成果，尽管大部分是针对水泥混凝土开发的，但也可使用到石灰砂浆中，提高石灰材料的性能，满足新的功能，如偏高岭土可改善石灰的耐水性，减水剂可降低石灰的收缩性等。

配方设计或确定指标宜参照"少"、"弱"、"慢"的原则。

6.1 我国古代传统石灰配方简介

在我国古代的营造活动中，因为施工部位和所起功用的不同，古人依据经验总结在石灰和黄土混合形成灰土基础上，继续掺加各种掺合料，形成了丰富的灰土和灰浆配方。灰土多用于建筑基础和墓葬工程，灰浆则用于砌筑、粉刷抹灰、地面铺装和防水防渗勾缝等。灰浆中的掺合料通常可分为骨料（砂和黏土等）、加强筋（麻丝、秸秆、稻草、棉花等）和有机质（糯米、桐油等）三类。

石灰在营造中的用途与其配方的关系，随时代发展有清晰的演化逻辑。在南北朝以前的营造中，石灰主要作为墙面抹灰、砌筑填缝和防潮材料使用，对力学强度和黏结强度没有过高要求，因此除掺加到黏土中形成三合土外，多数以纯石灰形式发挥作用。唐宋时期以后，由于战争技术的进步、砖石建筑的发展、墓葬风俗的变化等原因，石灰基夯土和砌筑材料都需要更高的强度和黏结性能，因此加强筋、有机质和骨料迅速出现在灰浆中并形成一系列稳定的配比。及至明清时期，随着砖的大量使用，砌筑砂浆成为石灰基材料的主要用途之一，对灰浆的黏结性能要求极高，石灰、黏土和各种形式的骨料，构成主要的配方元素。与欧洲不同，我国清末之前的砌筑灰浆以纯石灰为主，尽管早已有"灰得砂而坚、得土而粘"的感性认识。

6.1.1 建筑基础——灰土

中国传统建筑的基础经历了从素土夯筑到素土掺加瓦渣再到三合土的演进过程，而用石灰和黏土以一定比例混合形成的灰土夯筑基础，至晚在元代已经出现，并从明代开始成为通行的基础做法，特别是在官式建筑中。

灰土中的黏土也有不同的"配置"，因地域不同，常见的有三种：第一种是黄土与黑土，第二种是生土与熟土，第三种是主土（工地挖槽出土）与客土（外部运来的土）。目前还未有这几种土的混合方式对灰土最终性能影响的研究，但不同土的混合至少表明古代工匠注意到了土的选用会影响到三合土的最终性能。

灰土更常见的称呼是"三合土"，常随时代和地域不同有不同的组成和配比，并非一成不变。三合土中除石灰外，另外两种物质通常是黏土与河砂。但仅用石灰和黏土配成的灰土也经常称为"三合土"。元代以后建筑基础普遍使用三合土夯筑，是因为石灰、黏土和砂混合而成的三合土固化之后坚实而不易渗水，且极易就地取材，成本低廉。根据一项对圆明园大宫门河道遗址和如园遗址土样的分析表明，其土样化学成分以 SiO_2 和 CaO 为主，含量比例基本符合三合土的规制。

刘大可总结一般房屋的基础，灰土配比为 3∶7，大式房屋的灰土配比多为 4∶6。根据现代工程经验，灰土多用"三七灰土"，但明清时期工匠倾向于使用更多的石灰，是因为除了强度还有防潮方面的考虑。

6.1.2 墓葬工程——灰土

墓室位于地下，易受地下水浸泡，棺木骨殖腐烂，因此必须采取一定密封措施以阻水。三合土成本低、取材易，是古人营坟时的理想材料。

三合土用于墓室垫层至晚出现于北宋时期，1966 年 3 月江西德安发现一北宋墓葬，该墓"用条形青石砌墙，石板盖顶，底部铺设石灰和粗细泥沙。"这是一个砖石混筑墓，但墓底没用砖平砌，而是以石灰和粗细泥沙混合作为垫层。

本书第 2 章引用南宋朱熹记录的"灰隔"其配比为石灰∶细沙∶黄土为 3∶1∶1。

是对墓葬灰土配比的明确记载。元代时，墓葬用三合土密封，在江南地区极为流行，依据死者所处阶层和生前财力的不同，投射到墓室的营造繁简区别很大。以同样的元代竖穴式墓为例，1978 年浙江海宁发现的元代贾椿墓墓壁分五层，其中最外和最内层均用三合土防潮，另有两层青砖防盗，最里面才是木棺。而简单的处理方式仅有一层防潮措施，如江苏吴县发现的元代墓，墓底铺木炭石灰一层，在墓的四周墙外同样以 15cm 炭屑石灰浆灌注，以防腐和防潮。

清徐乾学《读礼通考》收录的《葬度》记录了灰隔三合土的配比也是三分石灰、一分黄土、一分湖沙。徐氏此文或仅为辑录古书，但从考古发掘看，明清时期墓葬中三合土的配比，基本采用上文的比例，比如在湖南娄底发现的明代古墓。

6.1.3 砌筑——灰浆

砌筑灰浆是石灰在明清建筑中最主要的用途，特别是清代以砖墙全面取代土坯和夯土墙之后，石灰用量更大。明代以前的砌筑灰浆多数不掺加石灰，明代开始普及使用石灰浆，到清代，重要的工程使用纯灰浆，其次使用石灰砂浆，再其次用灰砂黄土混合的灰泥。从保存下来的明清建筑砌体看，灰浆的质量直接影响砌筑体的整体强度和防雨水渗漏性能，在一定程度上决定了建筑物的存续。

为提高灰浆的黏结性能和固化后的强度，古人尝试加入各种掺合料，在砌筑灰浆中比较常见的是以糯米为代表的有机质。

1. 糯米灰浆

糯米灰浆是古代常见的三合土砌筑灰浆形式，如《天工开物》中对三合土的配比记录为："用以襄墓及贮水池，则灰一分，入河沙、黄土三分，用糯粳米、杨桃藤汁和匀，轻筑坚固，永不隳坏，名曰三合土。[1]"这种掺加糯米的灰浆最早出现于南北朝时期。在唐宋时期也一直有以糯米灰土修筑城墙的做法。至清代，掺加糯米的三合土已经有定例，如《大清会典则例》规定："三合土每灰一石，用汁米六升，每米一石，用熬汁柴二十束。[2]"具体的加工工艺可参见清代李绂的《与兄弟论葬事书》："开穴后即另着人开锅煮糯粥。每锅俱要米少水多，以便久熬，务令米粒极烂、米汤极稠。其石灰、黄土、石子预先掺好，每五分石灰加三分黄土、二分石子，入糯粥和之，以四齿钉钯

---

1. 宋应星 . 天工开物 [M]. 上海：商务印书馆，1933:197.
2. 大清会典则例 · 卷 132 · 工部 [M]. 见爱如生中国基本古籍库 .

钯令极熟。粥汤不可过多，但取调和恰好，坚可成团，是谓三合土。[1]"直至清晚期为巩固海防，沿海修筑要塞，糯米拌和的三合土仍是重要修筑材料。

糯米灰浆在古代是重要的河工材料。《永定河志》中记录道："修砌大石堤，每石底宽一尺单长一丈，用灰四十觔、灌浆灰四十觔，每浆灰四十觔用江米二合、白矾四两。[2]"文中每"合"约 0.25 升。该石堤以糯米浆砌筑，坚固异常、工效卓著。李鸿章于同治十一年（1872）的《永定河闸坝工竣折》里也提道："石料均取坚厚整齐，多嵌宽厚铁钉，灰浆搀用米汁，桩埽各工，概求稳密。[3]"永定河石堤在北京石景山一带仍有遗存，从现场看，每层条石厚约半米，层层后退约 5～10cm，确实固若金汤。

2. 蛋清灰浆

蛋清灰浆应用于砌筑的历史可上溯至宋代，如建于宋代的安徽三县桥，桥体以青石砌筑，据考证或记载以糯米汁和蛋清以及明矾等混合后作为灌缝浆。建于清道光年间的广西贺州江氏围屋，用添加了蛋清、糯米粉和砒霜的灰浆作为砌筑砂浆，其坚固的墙体使得江氏围屋基本完好地保存到现在。

蛋清用于砌筑的典型案例是福建土楼。为提高墙体的强度与耐久性，在夯土中加入了糯米、红糖和蛋清。其做法是糯米磨粉，以水和匀，复注水烧成浆汤，添加入红糖水和蛋清后，加入三合土，混合均匀后夯筑。根据建筑部位不同采用不同的夯筑方法和配比不同的三合土。墙角等需要防水防潮的部位用湿夯，三合土中土灰砂之比为 1∶2∶3，而外墙等需要强度的部位则采用干夯，土灰砂之比为 4∶3∶3 或 5∶3∶2。

6.1.4 粉刷

用于墙面粉刷时，灰浆中多掺加麻丝、纸筋等加强筋，以控制收缩，避免出现裂缝。石灰加水，经沉淀过滤添加纸筋形成抹灰灰浆，配方繁复，具体可参见刘大可对古建筑抹灰做的系统总结（见附录 A1）。

此外，掺加血料形成血料灰浆也是古代建造中常用的一种粉刷灰浆。根据考古

1. 李绂. 穆堂类稿 [M]. 清道光十一年奉国堂刻本. 别稿卷 35：918. 见爱如生中国基本古籍库.
2. 李逢亨. 永定河志（嘉庆）[M]. 北京：学苑出版社. 2013.
3. 唐小轩. 奏稿同治 7 年 7 月 15 日 - 光绪 7 年 7 月 14 日 [M] 李鸿章全集：第 2 册. 长春：时代文艺出版社.1998：871.

发现，中国古代最早掺加动物血的工程实例是秦代咸阳宫，其遗址地面是用猪血、石灰和料姜石混合后抹面制成，表面光滑平整，在装饰的同时有一定防潮作用。

6.1.5 地面铺装

以石灰、砂、土混合的三合土可夯筑后作为地坪，对地面防潮有更高要求的，通常采用油灰，即桐油、鱼油调制的石灰。石灰的引入所构成的胶结体系能有效防止地下水和地气上涌，也阻止地面水下渗，这层稳定坚固的灰土所起的隔水和加固作用，确保了古代建筑能够长时间抵御自然侵蚀。

实例可见福州传统民居的"三合土"地面，是以壳灰（按：应即为蛎壳石灰）、壳灰渣、黄土拌和而成，通常还加糯米糊、乌糖精和桐油等。比例是石灰占 2 份，其他材料占 3 份。

6.1.6 防水防渗勾缝——桐油灰浆

灰浆多在水利工程中起防水防渗功用，为了提高灰浆的抗渗性，主要的有机质掺合料为桐油。

桐油出自中国油桐种子，栽培历史久远，自唐代就有文献记载。元代中西交汇，遂传于西方。桐油最初用于造船，唐代舟楫就已经使用混有石灰的填缝材料。

四川著名的水利工程都江堰，元代修葺时，"诸堰皆甃以山石，范铁以关其中，取桐实之油，刀麻为丝，和石之灰，以苴罅漏，御水潦。岸善崩者，密筑江石护之，上植杨柳，旁种蔓荆，栉比鳞次，赖以为因（疑为固）。[1]"。

桐油灰浆的具体配比也有记录，如元代《河防通议》介绍了修筑堤坝时桐油石灰的配比："油八十斤，石灰二百四十斤，三斤和油一斤为剂，固缝使用。[2]"

可见桐油灰浆和糯米灰浆相似，主要是用做石材的填缝材料，保证堤坝整体不渗水。永定河堤坝在清代修筑时也使用了桐油灰浆，其配方为："勾抿大石堤，每缝宽五分、长一丈，白灰一觔，桐油四两。每长十丈，用石匠一名，每捣油灰四十觔，用壮夫一名。[3]"该工程使用的桐油石灰的比例 1：4，与《河防通议》中所记 1：3 相近。

1. 周复俊. 全蜀艺文志. 卷四十七碑文下 [M]//. 清文渊阁四库全书本
2. 北宋沈立著有《河防通议》，记述庆历八年（1048）前河工实施及当时议论。原书早佚，元代学者沙克什考订散佚文字，将其与金都水监的《河防通议》合二为一。北宋事，注明为"汴本"。见姚汉源. 京杭运河史 [M]. 中国水利水电出版社. 1998: 643.
3. 中国水利史典编委会. 中国水利史典: 海河卷 1[M]. 北京：中国水力水电出版社，2014: 690. 引，永定河志 [M]. 清抄本. 卷 5:53. 见爱如生中国基本古籍库.

桐油灰浆还大量应用在古代的造船业，主要用于船板之间的缝隙填塞，至有专门的汉字"艌"指代这一工艺。《天工开物》记载了以桐油石灰为船板嵌缝材料的做法："凡船板合隙缝以白麻斫絮为筋，钝凿扱入，然后筛过细石灰，和桐油舂杵成团调艌。温、台、闽、广即用蛎灰。"，"夫造船之工，唯油艌为最要。……然油艌欲固，又在灰麻如法。舂灰者心须宽、力须猛。心不宽则入油太骤而不纯，力不猛则不得成胎，少弛即败弃矣。撕麻须细，……油漆丰啬，亦各有宜。油不啬则木不受而多皱；漆不丰，则不泽；瓦灰入油少，则未久而剥落。"配料和拌和油灰都很关键，桐油少，石灰不能黏结为整体，石灰煅烧差，氧化钙含量低，也无法有足够胶凝组分，从而产生"油少灰生，旋上旋落"的现象。

据明代官方造船文献，作为"艌作"用材的桐油麻灰，桐油和石灰的比例多为1∶2，也有1∶5的极端情况。若不考虑石灰涂刷，则上述桐油石灰的配比为桐油：石灰＝1∶3，符合一般的桐油石灰配比。

许路在用传统工法复原清初"赶缯战船"时，按《钦定福建省外海战船则例》、《闽省水师各标镇协营战哨船只图说》和《水师辑要》等整理所需材料清单，统计得到需使用牡蛎壳灰1372斤、桐油553斤，亦接近上述三比一的比例。

以上配方或配比，仅是古代文献中可检索的很小一部分，仍有大量与石灰有关的古代工艺配方有待挖掘和整理。研究这些配方的意义在于探究建筑遗存在材料层面的"原真性"基础。当然，限于古人缺乏对自然事物的充分理解和科技与工艺水平的局限，古人的配方大多是经验总结，以现代科学分析来看，有的难免欠缺科学逻辑，但其对现代石灰配方的设计仍然具有极大的指导意义。

6.2　满足功能的配方设计策略

6.2.1　配方设计原则

石灰作为建筑黏合剂应用到营造，要满足三大基本功能，即结构功能（强度等）、保护功能和装饰功能，因大多数情况下结构功能是不可视的，对美学等几乎没有要求。而用于装饰修补的石灰灰浆，除满足保护功能外，对美学要求高。

现代材料学研究说明，建筑石灰可以选择的类型包括非水硬性石灰（气硬性石灰）和水硬性石灰，在这些石灰中可以通过添加其他各种材料配制出不同性能的砂浆，满足砌筑、黏结、装饰等功能需求，配方优化的材料主要有骨料类（砂和黏土等）、胶凝材料（水泥、胶等）、水硬性活性材料（火山灰、砖面、黏土等）、纤维类（麻丝、秸秆、稻草、棉花等）、有机质（糯米、桐油等）、现代外加剂（纤维素醚、触变润滑剂、减水剂、憎水剂、钙基膨润土、偏高岭土等）等组成。石灰的配方优化是近年来遗产保护、生态建造等领域研究的热点。

但是如服务于文化遗产保护修复，在设计配方或制定配方指标时，根据作者经验应遵循下列三个原则：

（1）少就是多：配方中除必须添加的材料（尊重传统及满足功能），尽可能少添加外来助剂。由于大多数助剂的老化过程及产物尚处在研究阶段，配方宜简不宜繁。

（2）弱就是强：不宜追求高强度。由于石灰达到最终强度需要 2 年以上时间，如果设计强度（一般以 28 天测定的强度为设计指标）高，势必导致石灰砂浆的最终强度过高。

（3）慢就是快：即不宜添加快硬水泥或过多添加水硬性组分而缩短石灰的初凝、终凝时间。风险是在新旧材料之间形成应力或导致最终强度过高。

6.2.2 石灰类型的选择

1. 对建筑石灰分类的理解

根据第 2 章内容，在石灰灰浆设计时，有两个建筑石灰家族可供选择：气硬性石灰和具有水硬性的石灰。

对气硬性石灰虽然按照中国和欧洲标准，气硬性石灰有两个子族：钙质石灰和镁质石灰。但是，在实际应用中，鉴于我国目前的大气污染，只建议采用主要由氧化钙或氢氧化钙组成的气硬性钙质石灰。镁质石灰由于容易生成水溶性的硫酸镁对灰浆本身及周围材料产生破坏而不建议使用。

欧洲建筑石灰标准中将具有水硬性能的石灰定义为主要由氢氧化钙、硅酸钙和铝酸钙等组成的消石灰，与水或在水下混合时能够凝固和硬化，与大气中二氧化碳的反应也是硬化过程的一部分。

具有水硬性的石灰分为天然水硬石灰（NHL）、调和石灰（FL）、（狭义）的水硬性石灰（HL）。天然水硬石灰通过煅烧含或多或少的泥质或硅质石灰石（包括白垩）生产而成的。水硬性完全源自天然原料的化学组成。NHL 不包含任何添加剂。天然水硬石灰根据 28 天后的抗压强度分为 NHL2（最低抗压强度为 2MPa）、NHL3.5（最低抗压强度为 3.5MPa）或 NHL5（最低抗压强度为 5MPa）。由石灰和其他材料组成，例如水泥、高炉矿渣、粉煤灰和石灰石填料等制造的狭义水硬性石灰在遗产保护领域几乎是禁止使用的。

但是，必须要说明的是，无论是我国的建筑石灰标准还是欧洲建筑石灰标准，它们都是一种产品标准。换句话说，其主要目的是定义指标，制造商可以根据这些指标测试其产品，以确保一致的化学和物理特性。所使用的测试方法都是能够在实验室中可复制和具备可靠的操作性，但不一定代表使用特定石灰制成的砂浆在实际使用中的性能。因此，在进行灰浆配比设计时，应主要参照已经发表的、使用不同类型石灰制备的砂浆性能的成果。

2. 不同石灰的应用领域

1）非水硬性石灰

用熟透的非水硬性石灰膏制备的灰浆具有许多优点，特别是与弱的、风化的砖石材料在物理化学方面高度兼容，它能够适应轻微的建筑位移，如果作为勾缝或粉刷，往往在砌体表面起牺牲性保护作用。非水硬性石灰传统上也用于一般家装粉刷（图6-1）或制造灰石水。优选陈伏的气硬性石灰膏，或采用市购气硬性消石灰粉再加水陈伏。

但是非水硬性石灰不适用经常高度潮湿的区域，在极端气候条件下，其不耐久，不耐冻。

2）天然水硬石灰

天然水硬石灰按照欧洲标准有三个强度等级（NHL2，NHL3.5和NHL5），但实际上，大部分的天然水硬石灰两年后强度仍然会增加，最终抗压强度可以达到8~20MPa或之上，而且不同型号的天然水硬石灰的最终强度几乎与型号无关。

在选择用于遗产保护及建筑修复用的天然水硬性石灰时，必须考虑强度的持续增加。欧洲已经发现，采用较强的天然水硬石灰制备的修复材料会像硅酸盐水泥一样破坏有历史价值的建筑肌理。采用天然水硬石灰制备高强度修复材料是有风险的。

与非水硬性石灰相比，NHL2更适合用于要求较高的外露环境中的中等坚固度的砌体。在适当混合、放置和固化后，它具有很大的通用性。这类NHL2石灰含有大量的"游离"石灰，具有很好的保水性，非常容易施工。

NHL3.5这类石灰适合修复坚固，中等耐用或坚韧的材料，可用于要求苛刻

图6-1 马来西亚建材超市出售的密封包装白灰浆（plaster lime）
图片来源：戴仕炳

112

的工作（例如粉饰），或在外露的位置进行砌筑和修整。

NHL5 的最终强度和我国所谓土水泥（大约在 1910-1937 使用的水泥）接近，这类石灰只能用于修复强硬坚固的材料，尤其是在外露度很高的区域。它也可能适用于极端外露或永久潮湿的环境，对坚固、坚硬的砌体部位进行抹灰处理，它还能修复天然水泥抹灰。像水泥一样，NHL5 的特点是凝固速度相对较快且硬度较高。与水泥相比，它的透气性比水泥高，水溶盐含量低，并且能够适应砌体中的微小运动而不会破裂。它还具有良好的耐盐和抗冻性，适合配制要求较高强度的灌浆料等（见本书 7.8.2 节及附录 C）。

不要尝试把天然水硬石灰添加到气硬性石灰膏中以提高水硬性，因为这两者很难混合均匀。气硬性石灰膏中宜添加低温烧制的砖粉末、偏高岭土、火山灰或硅微粉等以获得水硬性。

6.2.3 水泥、树脂等其他胶凝材料

水泥可以添加到石灰中配制出所谓的混合砂浆，自 20 世纪 20 年代这类砂浆在中国使用一直到今天。

水泥可以增加石灰砂浆的早期强度，缩短工期。但是欧洲的研究发现，添加水泥的混合砂浆在修复砖石时，会出现吸水率减低、透气性差等问题。今天在历史建筑修缮时均建议不添加水泥。

如果只有添加水泥才能满足要求，建议选择低碱、低热、耐硫酸盐水泥，添加量控制在 10% 以内，一般情况下，添加 5% 并均匀地分散在石灰中就可以改善石灰的凝结时间及强度。

传统的胶有杨桃藤汁等，现代添加的胶主要为丙烯酸乳液，这类乳液和强碱性的石灰兼容，耐久性好于其他类型的胶。添加乳液的石灰水在欧洲仍然是被当作传统的建筑维护材料使用。

6.2.4 建筑石灰配方中无机添加料的功能

欧洲和我国具有类似的建筑石灰历史，石灰中采用的添加料，特别是骨料也具有类似的特点（图 6-2）。

1. 骨料——砂

传统石灰灰浆采用的砂几乎全部为天然河砂，现代建筑石灰灰浆的用砂分人工

图 6-2 德国古代石灰灰浆中的常用组分
图片来源：Tanja Dettmering

图 6-3 石灰砂浆中不同的砂〔机制砂（石英砂上左，碎石上右）、天然砂 - 河沙（中左）、彩砂（中右）及含泥量高的河沙（下）〕
图片来源：石登科等

砂（机制砂）和天然砂（图 6-3）。天然砂的主要化学组分为二氧化硅（石英），其次有长石、云母等。砂在石灰砂浆中主要起填充作用，比黏土具有更高的强度和更少的干缩性能，但砂的级配会直接影响砂浆的和易性、易施工性及抗渗性、耐久性等。所以不同的颗粒级配会产生不同性能的砂浆产品。

在明代园林著作《园冶》中记录一种掺加河砂的石灰浆，称之为"镜面墙"。这种做法从材料性能看，河砂作为细骨料，比黏土具备更高的强度和更少的干缩性能，所得砂浆黏结性能好，用于墙壁找平和粉刷更优。

另外，不同种类的砂其色彩及含泥/粉量也不尽相同（图 6-3），砂应根据砂浆的不同性能要求去选取。

例如在墙面抹灰砂浆中可以加入不同粒径和不同颜色的天然彩砂来达到具有欣赏和艺术价值的墙面效果。

2. 低温烧制的黏土砖及泥土

宋代朱熹"石灰得砂而坚,得土而粘,岁久结为金石[1]"即已记述了黏土对石灰黏结性的意义。古代石灰灰浆的用土为含腐殖质少的土。泥土具有可塑性,在石灰砂浆中可以起到填充、增稠、调色(图6-4)等作用。同时黏土在石灰中氢氧化钙的作用下可以发生水合反应,以提高石灰的黏度及附着力,并增加耐候性。

低温烧制的黏土砖磨成粉后具有类似活性火山灰或偏高岭土的特性,可以增加石灰砂浆的强度,降低石灰砂浆的吸水率,同时改变石灰砂浆的颜色,达到装饰效果。

3. 柴草灰

柴草灰是取自灶膛中柴、草的灰,也可以称作草木灰。在山区为木炭灰。在我国西南地区为重要的添加剂(图6-5,图6-6)。

图6-4 彩色泥土,一直是石灰重要的调色、性能优化的天然原材料
图片来源:戴仕炳

图6-5 贵州三门塘刘氏宗祠(修复前),立面灰色灰塑采用木炭灰配制
图片来源:戴仕炳

图6-6 采用柴草灰作为活性剂的镁质砌筑砂浆用于石桥等潮湿地区(成都,明代,东华门遗址)
图片来源:戴仕炳

根据研究，木炭灰中含有钙、活性硅、钾等无机矿物，添加到高钙气硬性石灰中，增加可施工性及附着力，促进石灰的碳化，增加透气性，增加石灰的强度。但是英国的研究报道，木炭灰含有水溶性盐，可能会导致泛碱；木炭灰也可能会降低灰浆的耐冻性。

6.2.5 纤维类材料

石灰灰浆使用的传统纤维材料有麻、棉花、麦秆、稻草等。

研究发现在苏北旱地作物区域，主要种植小麦，在灰中主要以麦秸秆、麦壳掺入灰泥中作为拉结增强材料，与《营造法式》中"泥作"所记录的掺加材料相同。苏南和浙江地区属于水稻种植区域，有大量的稻杆，因此屋面系统中使用纸筋灰，并把稻杆碾碎掺加到灰泥中。而在产棉花的南方，棉花用在高等级的石灰抹灰中。

纤维类材料的作用是防止开裂产生缝隙。表6-1可见明清官式建筑中的苦背做法。其中坐瓦灰、灰背、护板灰均加入了麻刀灰，这可有效防止开裂。

麻刀防开裂效果和麻的添加量、麻的长度、细度（长与直径比）以及混合均匀度有关。如四川泸州报恩塔，宋代麻刀灰麻的添加量约3%（重量比）均为极短的麻纤维。今天，除了天然的粗加工的纤维外，也可以获得经过加工的木质纤维等（图6-7）。

表 6-1　清官式建筑中的苦背灰配比

面层	平台屋顶和瓦顶屋面
坐瓦灰	大麻刀青灰背，2~3cm。瓦顶屋面增加粘麻打拐子工序
灰背	2~4 层大白麻刀灰或月白麻刀灰，每层 3cm。灰与麻刀比例为 100：5（重量比）
护板灰	深月白色麻刀灰，厚 1~2cm
望板	木质望板

图 6-7　木质纤维（左）麻丝（右）
图片来源：石登科

麻刀也是一种生态保温材料，添加麻刀也会增加灰浆的隔热性能。

6.2.6 传统的天然有机质及其对砂浆性能的影响

传统石灰砂浆中加入的天然有机质材料有天然胶、糯米、桐油、动物血、蛋清、糖等。现代研究已经对各种有机质在灰浆中的作用机理做了较全面的分析，简介如下：

1. 糯米

根据浙江大学张秉坚等人的研究，"糯米浆的加入可以显著降低石灰灰浆的吸水性。吸水性的降低一方面是因为糯米灰浆致密的组织结构；另一方面是因为灰浆碳化过程中碳酸钙和糯米多糖的相互作用。在石灰灰浆的碳化过程中，糯米支链淀粉分子中亲水性的羟基以共价键的方式与钙离子结合，而残留的烷基则会给出额外的憎水性"。

2. 桐油

浙江大学对添加桐油的石灰强度和微观结构研究表明，熟石灰和熟桐油制备的油灰综合性能在强度和降低吸水等方面最佳，其 90 天抗压强度和剪切强度比普通石灰灰浆分别提高了 72% 和 245%，吸水系数仅为普通石灰浆的 1/620，抗氯离子侵蚀能力和耐冻融循环等性能均大大改善。从微观结构分析看，其性能增益主要来源于桐油固化过程中发生交联反应形成的致密片层状结构，以及桐油与氢氧化钙发生配位反应而生成立体网状结构的羧酸钙。

3. 蛋清

据浙江大学研究，蛋清在灰浆中的作用主要是加气（类似发泡剂，微小气泡可阻断毛细水迁移，避免灰浆的冻融破坏）、黏结（作为有机质模板调控碳酸钙晶体的形貌和微观物相结构，强度得以提高）、杀菌（蛋清所含溶菌酶有杀菌作用，其卵转铁蛋白与铁结合能力高，有抗菌作用）和防水（蛋清蛋白质中的共价二硫键和氢键使其有良好的成膜性，能提供选择性的防水性能）。

4. 动物血

石灰浆中掺加动物血，除了使灰浆变色外，性能上的思路与掺加糯米浆和桐油、蛋清等相同，主要是通过降低孔隙率、增加颗粒的黏结以提高灰浆的耐久性。

据张坤等人研究，动物血在灰浆材料中的作用主要有加气、减水、防冻融、黏结和平整抗龟裂等作用。

5. 糖

石灰灰浆中亦有加糖的做法，但一般不单独掺加，往往与桐油、蛋清等混合使用，构成复合灰浆。

根据方世强等的研究，添加蔗糖可以增加固化后石灰浆的表面性能，但是对抗压强度有一定负面效应。其性能改善主要源于蔗糖和石灰反应生成可溶解的更大的蔗糖钙，固化过程中蔗糖钙向灰浆表面聚集形成坚硬的外壳，提高灰浆表面性能。

在台湾地区，依据访谈匠师之经验，"灰泥中添加熬煮后之黑糖水或糯米浆，其作用有三：增加灰泥之黏稠度；灰泥施作时水分亦较不易散失，有利于抹灰施作；硬化后之灰泥具有较佳之硬度。[1]"目前台湾修复工地因海菜水使用普遍，传统黑糖水及糯米浆已逐渐被取代。

6.2.7 现代外加剂及其机理

1. 纤维素醚

纤维素醚（图6-8）主要作用是保水、增稠、提高黏度。其作用机理：①砂浆内的纤维素醚在水中溶解后，由于表面活性作用保证了胶凝材料在体系中有效地均匀分布，而纤维素醚作为一种保护胶体，"包裹"住固体颗粒，并在其外表面形成一层润滑膜，使砂浆体系更稳定，也提高了砂浆在搅拌过程的流动性和施工的滑爽性。②纤维素醚溶液由于自身分子结构特点，使砂浆中的水分不易失去，并在较长的一段时间内逐步释放，赋予砂浆良好的保水性和工作性。

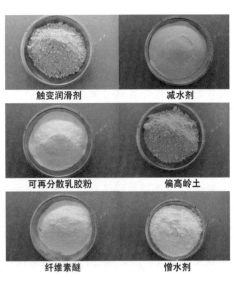

触变润滑剂　　减水剂

可再分散乳胶粉　　偏高岭土

纤维素醚　　憎水剂

图6-8　不同类型的现代添加剂
图片来源：石登科

---

1. 张嘉祥. 传统灰作 - 壁画抹灰记录与分析 [M]. 中国台湾：文化部文化资产局，2014,11

2. 触变润滑剂

常用触变润滑剂的主要成分为硅酸镁铝（改性膨润土），主要影响砂浆以下性能：①延长可施工时间；②提供施工润滑性；③提高触变性、抗垂流性和屈服值；④减少流动时的阻力。

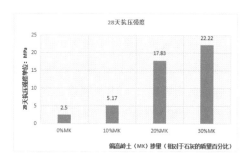

图 6-9 掺加不同量偏高岭土石灰砂浆标准试块 28 天抗压强度
图片来源：石登科，未发表的资料

3. 憎水剂

憎水剂的类型有机硅（乳液或干粉）、硬脂酸锌等，加入石灰砂浆中可有效防止外部水进入砂浆内部，提高砂浆的耐久性。可用于配制憎水石灰砂浆。

4. 偏高岭土

偏高岭土是以高岭土为原料，在适当温度下（600℃～900℃）经脱水形成的无水硅酸铝。偏高岭土是一种高活性的人工火山灰材料，在有水存在时，可与 $Ca(OH)_2$ 发生火山灰反应，生成与水泥类似的水化产物。

图 6-9 为加入不同数量偏高岭土对石灰强度影响的实验，由图可知掺入 10% 偏高岭土的石灰强度是不加偏高岭土的 2.07 倍，掺入 20% 偏高岭土的石灰强度是不加偏高岭土的 7.13 倍，掺入 30% 偏高岭土的石灰强度是不掺偏高岭土的 8.89 倍（10%MK 指的是偏高岭土的加入量为相对于石灰质量的 10%）。

5. 减水剂

减水剂是一种在维持砂浆相同的流动度条件下，能减少拌合用水量的外加剂。加水量太大往往会造成离析和泌水的不良后果，材料收缩过大，孔隙度增加，黏结强度降低，抗压和抗折强度降低。减少水的用量可以降低石灰砂浆开裂的风险。

6.3 配方优化性能指标

石灰砂浆可用于加固、砌筑、修补、抹灰等，用于不同的领域有不同的性能要求指标。由于各个不同的保护修缮对象的结构、材料、历史、气候环境等不同，具体指标也有区别，宜根据具体对象制定。总的来说要考虑到其黏结强度及可施工性，特别是抹灰，黏结强度的重要性远远大于抗压或抗折强度。

抗压和抗折强度对于砌筑比较重要，例如，用于低强度的黏土砖、土坯砖等石灰砌筑砂浆的 28 天抗压强度达到 1MPa 就足够了，用于非重要历史砖石、文物、高强度砖石等砌筑，28 天强度达到 2.5～5MPa 也能够满足要求，因为大部分的石灰砂浆，如果在固化过程没有受到冻融或剧烈的气候变化，后期强度会增加 2～5 倍。

流动性是注浆材料的基本指标，热膨胀系数对修补则是关键参数。耐久性需要根据具体对象确定。一般还应与修复保护对象具有相同的耐久性及在颜色、质感等同时发生相同或相似的变化。在需要石灰灰浆作为牺牲性材料的时候，其耐久性要低于保护对象。此外颜色和质感也是抹灰、修补等考虑的重要因素。

6.4 配方优化案例分析 1：基于天然水硬石灰的黏合剂配比优化

在研究开发用于广西花山岩画本体开裂岩体（图 1-5）黏结加固材料的过程中，比较了丙烯酸可再分散乳胶粉对天然水硬石灰黏结强度的影响。

广西花山岩画本体开裂岩体黏结加固材料参考了下列参数设计：

(1) 适中的抗折强度；

(2) 低的抗压抗折强度比值；

(3) 在模拟花山环境条件下变脆的程度最低；

(4) 高的拉拔强度。

在相同石灰黏结材料配比前提下，添加丙烯酸可再分散乳胶粉可增加附着力，当添加量为 0.5% 时，附着力增加不明显，当添加量达 1% 时，附着力从 0.2MPa 左右增加到 0.5MPa，这为不同黏结强度的调整提供了可能性。

经过室内实验现场试验后，确定下列配比为 2007—2010 年期间所有研究中的最优封口黏结材料（表 6-2）。

上述配比的技术参数如表 6-3 所示。

上述技术参数完全能够满足花山开裂岩片封口的黏结要求，在花山条件下，该配比的拉拔强度有提高，20 天达到 0.5MPa 以上。

在更多实际使用过程中发现，这个配比的石灰黏合剂除可以用于黏结、回贴开裂的石材外、还可以黏结砖片、粉刷批荡无机材料等。

表 6-2 最优封口黏结剂配比

材料类型	配比（重量比）
NHL2 (Hessler)	35%
石灰岩粉（粗）0.5-0.7 mm	12%
石灰岩粉（细）0.2-0.5 mm	35%
石灰岩粉（极细）<0.1mm	15.9%
丙烯酸可再分散乳胶粉	1%
触变润滑剂	0.2%
木质纤维素	0.5%

表 6-3 最优封口黏结剂的机械物理参数

	上海气候条件下	模拟花山气候条件下
抗压强度（15 天）	4.9 MPa	4.0 MPa
抗折强度（15 天）	3.2 MPa	2.35 MPa
抗压抗折强度比（15 天）	1.5	1.7
石材与封口料拉拔强度（20 天）	0.3 MPa	0.5 MPa
封口料自身拉拔强度（28 天）	0.5~0.6MPa	—
抗剪强度（7 天）	0.26 MPa（标准养护条件）	

6.5 配方优化案例分析 2：夯土石灰配比优化方法

我国经典的营造著作均描述夯土用灰土采用 2：8 或 3：7 的比例。但是，这一比例对于大部分的非官式建筑而言，造价昂贵。实验也证明，20% ～ 30% 的石灰添加到夯土中，虽然最终（需要几年或几十年）会形成类似混凝土的结构，但是早期强度由于不容易夯实而得不到保障，此外，这个比例的夯土收缩大，需要工期长。如果修复大体量的类似平遥的夯土城墙必须找到合理的配比，既满足强度及耐久性要求，又能缩短工期并降低造价。

根据国际道路桥梁有关石灰改性土的研究成果，可以找到合理的石灰类型及石灰添加料的经验值。如果使用气硬性石灰，则土壤中 <0.063 mm 的成分最少要占到总质量的 15%。如果土中的粉砂含量较高，则需要添加水硬性石灰而达到耐水、耐冻的要求（图 6-10）。如果能够均匀混合并达到最佳夯实密度，土中石灰的添加量在 3% ～ 6% 就满足要求。这种比例的经石灰改性的土在保温环境下可在短时间达

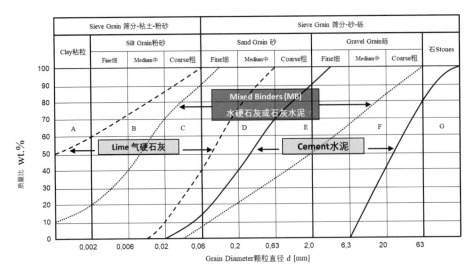

图 6-10 基于土筛分曲线的夯土用石灰类型选择

图片来源：Kuhl, Oliver, Basic principles for soil treatment with binder – Stabilization of fine-grained soil with lime，Proceedings of ICOMOS -CIAV&ISCEAH 2019 Joint Annual Meeting & International Conference on Vernacular & Earthen Architecture towards Local Development, Pingyao, China，Tongji University Press 2019

到强度，且收缩很低。当然，石灰占比例越高，夯实后的强度也越高。

石灰改性土工法见第 7 章。

6.6 传统及现代灰浆分类与配比

鉴于我国尚缺乏采用石灰配制的砂浆系统的研究，本节将在我国现有的公开发表的资料中查询到的，以及本团队研究的石灰灰浆配比综合录入附录 A。

选择灰浆时，首先需要考虑传统配方及地方特色，在缺乏系统文献记录的地区，可以通过建筑考古学的方法对遗存进行考证，并使用矿物学、化学等方法确定灰浆成份及各组分配比。

按照石灰的固化机理，石灰灰浆可以分成三类：A 类为纯气硬性灰浆，即采用气硬性石灰（生石灰加工出的膏、粉或混合物）。B 类为添加火山灰类活性组分（旧砖粉、偏高岭土或火山灰）的气硬性灰浆，可以在水下或缺乏空气的环境下固化。我国古代发现的工业化前的所谓"水泥"应该大部分为此类灰浆。C 类灰浆是采用天然水硬石灰配制的灰浆，固化机理特征和 B 类相同，但是可以达到很高的强度。

应根据不同应用领域选择不同灰浆。选择时，除了要比较不同配比的耐久性，更要从牺牲性保护的角度，要求采用石灰配制的材料的耐久性要低于需要保护的历史材料。在工艺方面，需谨记无论是气硬石灰还是天然水硬石灰都仍然是石灰，含有一定量的氢氧化钙（除非优化配比将氢氧化钙全部消耗掉，此时已经不是经典意义的石灰灰浆），应遵循石灰固化需要的一些基本规律，如在潮湿天气时保持通风干燥，使拌合到石灰中的水能够扩散出去。在湿度很低的情况下，要进行喷淋保湿，使水硬组分正常水化，等等。这些内容将在第 7 章详细分析。

6.7　思考题

（1）石灰作为建筑黏合剂应满足哪些基本功能？

（2）配方设计时，什么情况下需要采用气硬性石灰，什么情况需要采用水硬性石灰？

（3）砖石结构灌浆采用石灰时，需要注意什么问题？

（4）抹灰配方中麻刀、桐油什么情况下使用比较合理？

（5）石灰改性的添加剂的类型有哪些？

第 7 章　灰作之"工"——质量的保障

灰作"工"法可以总结出七个要点，即筑（砌筑和夯筑）、填（填充、灌浆）、粘（既有构件的黏结加固、注浆）、粉（粉刷 / 装饰）、勾（嵌缝）、涂（抹灰、涂刷）、修（修复、补配等）。装饰抹灰从性能（吸水到憎水、保温等）、色彩（传统灰白色到彩色）、质感等均可优化。

本章不侧重介绍具体的工法，只是分析基于石灰的固化机理的各种工法达到最佳质量参数、指标、经验等。

7.1　我国古代文献有关灰之工的记述

我国传统营造中石灰的工法复杂多样（图 7-1），满足结构及装饰的需求，有时也表现出匠人自己的特色。石灰不仅用于无机材料的黏结加固，也用于木材的防护（图 7-2）。

但是，诸如《天工开物》等古代文献对石灰工法的描述很少，这和《天工开物》是百科全书而非"营造法式"一类的建造书籍有关。古代建筑石灰的加工工艺很多，但是散落在各种文献中。初步总结可以看出，第一，施工工艺具有很强的地方特色，这和原材料获得性、气候环境等有关。第二，官式建筑工法不同于民居。第三，传承方式以口口相传、师徒传授为主。

图 7-1　明砖石长城建造时石灰工法

图片来源：戴仕炳

图 7-2 采用石灰涂刷的山西元代传统木构建筑
图片来源：戴仕炳

古代营造工程的质量，与材料本身的性能息息相关，也与施工工艺的合理性密不可分。建筑石灰亦不例外，其原材料质量、煅烧时间和温度、消解方式，以及施工工艺，都影响工程的成败。古代建筑石灰的施工工艺种类很多，现仅就灰土、抹灰和捶灰略做阐述。

7.1.1 灰土 / 灰浆

　　无论灰土还是灰浆，其性能与施工工艺密切相关，如工艺不合理，材料性能便无从发挥。清代徐瑞对掺加糯米浆的三合土施工工艺评价道："灰土例不粘米汁，有用汁者，未始不佳，然拍打不匀，工夫不到，虽用米汁无益，且易拆裂。[1]"

　　上述引文中强调"拍打"，应为"打夯"之意。灰土经正确的夯打才能坚固，特别是用于建筑基础时。在清代陵寝工程中，多采用"小夯灰土"作为建筑基础，载录于光绪初年《惠陵工程记略》中有"看小夯作法规矩"，对其施工工艺做了详细的记录。仅"旱活"（加水浸润之前），就有"打土曹底""上底半步灰土""纳虚""板口密打拐眼""满打流星拐眼于虚土上""再上底半步灰土""扎虚"等诸多工序。

　　除官式做法外，民间对三合土的施工工艺因地域不同也有不同的做法。以福州为例，在对传统民居中三合土地面测绘调研后，总结其施工方法是先把黄土加入水里搅拌，成黄土膏后渗入熟石灰中，再加入桐油，用锄头反复拍打，直到可以结块为止。室内地面预先挖槽，槽深 8 ~10 cm，放入成块的三合土夯筑平实，根据厚度铺筑二到三次，然后用硬木包铁夯筑至平，最后用木质拍子拍平地面至出油。

7.1.2 抹灰

　　对于不同的抹灰工艺，从基层处理到面层收光，所用到的靠骨灰、麻刀灰、罩面灰等，处理方式各有不同。以靠骨灰为例，分为底层处理（浇水、基层处理、钉麻或压麻）、打底、罩面、赶轧刷浆四道工序。

---

1. 安澜纪要 [M]. 清道光刊刻本 . 卷上 :29. 见爱如生中国基本古籍库 .

古籍中细致的记录可见《园冶》。其"白粉墙"一节记录有："历来粉墙，用纸筋石灰，有好事取其光腻，用白蜡磨打者。今用江湖中黄沙，并上好石灰少许打底，再加少许石灰盖面，以麻帚轻擦，自然明亮鉴人。倘有污积，遂可洗去，斯名'镜面墙'也。[1]"对掺加河砂的石灰浆粉刷工艺做了详细的记录。

7.1.3 苫背

我国传统建筑特别是官式建筑（或重要建筑）的屋面防水，除举折和屋面瓦作之外，苫背也是重要的防水保湿措施之一。

以故宫建筑群为例，屋面层望板之上，与灰作有关的工艺按顺序还有捉缝灰、护板灰、泥背层和灰背层。考之文献，据清末修武英殿史料，苫背做法为："头停苫大式，盘蹑五次，加江米汁掺合二次，均厚三寸。掺灰泥背一层，均厚二寸。青灰背二层，提压溜浆二次，打拍子三次。"

惜字如金是古籍特点，湮没众多细节，因此仅靠上述记载复原传统工艺绝无可能。例如，苫背除防水功用外，还有塑型作用，将屋面椽子连接处的直线转折化为曲线。但如果椽子连接处都用泥背则太厚，因此需用板瓦反扣在护板灰上以削减泥背厚度，称为"垫囊瓦"。此外，苫青灰背（白灰、青灰和麻刀以一定比例混合）时还需要散铺麻刀绒以增加灰背的拉结，避免细微裂缝。

从清皇室建筑修复中所见实物，与文献和当代对传统工艺的总结基本契合。如图7.3所示，中国文化遗产研究院顾军采集自清东陵裕陵陵恩殿屋面的苫背，经研究，从下往上可见清晰的苫背分层，依次是护板灰、泥背和青灰背。

根据浙江德赛堡材料科技有限公司对试样的分析，护板灰和青灰背为标准的石灰砂浆，原始配比（重量比）为2（灰）：1（土）。泥背原始粘接剂中水硬性组份在5%以上，有属于水硬性石灰的嫌疑，原始配比为3(灰):7(土)，是含泥土多的石灰灰浆。

图7-3　清东陵裕陵陵恩殿屋面苫背样品（顾军提供）
图片来源：戴仕炳

1.计成，原著.园冶注释（第二版）[M].陈植，注释.北京：中国建筑工业出版社，1988:186.

7.2 灰浆加工方法

配方影响灰浆的性能，而配制好的灰浆在使用前的加工方法也对灰浆的性能起到至关重要的作用。常见加工方法有捶打、搅拌等，目的是使各种组分混合均匀，让不利的组分（如空气和水分）含量尽可能降低，以提高可施工性，降低收缩，增加附着力。

7.2.1 捶灰

"捶灰"是一种传统的灰浆加工工艺，指将熟石灰、细炭灰、麻刀等原材料按配方比例，以传统的人工搅拌、臼窝舂捶等方式制作出的石灰改性材料。

现有研究发现，我国很多古建筑都存在使用捶灰的情况。如乐山大佛就广泛使用了捶灰：大佛头顶的螺状发髻外层为黑灰色捶灰（由煤炭渣灰、石灰和剁细的麻筋和成），厚度约为 5～15 mm；佛耳也不是原岩凿就，而是用木柱作结构，再抹以捶灰装饰而成；隆起的鼻梁也是内以木衬、外饰捶灰而成；大佛头部的横向排水沟，分别用捶灰垒砌修饰。此外，乐山大佛有些砖块的外表面上也附有捶灰。对样品检测后推测，工徒们首先将石灰、炭灰、麻刀和水按一定比例混合，捶打均匀后分团浸泡在水中待用；然后将捶灰置于佛体表面，用敲打的方式将其捶抹于岩石上，使捶灰紧贴岩石，增加捶灰与岩石的黏结力。

石灰经过捶打，可以降低其空气含量和水分含量，同时减小消石灰的颗粒，使其更致密（图 7-4）。据研究，经传统捶灰之后的灰浆，孔隙率较小、收缩变形小、强度适中、水稳定性和抗冻融性较好。这些特性使捶灰拥有了更好的耐久性，得到大范围的应用。

7.2.2 麻刀灰加工

为增加石灰与麻刀等的混合均匀程度，从大概 20 世纪 80 年代开始，采用电动混合机搅拌混合石灰及麻刀（图 7-5）。今天仍有大量的古建工地仍然采用此类设备（图 7-6），既保留了传统材料和工艺，又增加了工程进度。

图 7-4　捶打好的麻刀灰（2014 年某修复工地）
图片来源：戴仕炳

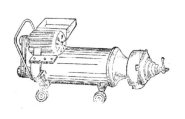
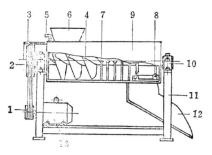

图 7-5　纸筋灰搅拌机（左）和麻刀灰拌合机（1/2. 皮带轮；3. 防护罩；4. 螺旋搅刀；5. 水管；6. 进料斗；7. 打灰板；
8. 刮刀板；9. 机壳；10. 轴架；11. 机架；12. 出料斗；13. 电动机）
图片来源：饶勃（主编）. 适用装饰工手册 [M]. 上海：上海交通大学出版社，1991

7.2.3　热石灰砂浆

　　直接采用生石灰块（矿灰）添加到湿河砂中，闷 1~2 天直接用于砌筑或勾缝的砂浆制备方法。生石灰需要是低温烧透的高钙气硬性石灰或弱水硬性石灰，无过烧。有研究表明，热石灰砂浆比用消石灰膏配置的砂浆强度高，耐冻融性好，适合冬季或潮湿地区施工。

图 7-6　采用图 7-5 设备和生石灰，于长城修复现场加工灰浆
图片来源：沈阳，微信，2019 年

7.2.4　现场配制还是采用预制灰浆

　　我国历史建筑修缮工程中，大部分采用现场由施工师傅自己配制的灰浆，现配现用，这类灰浆被称为传统石灰灰浆（traditional lime mortar）。欧洲也鼓励现场配制砂浆。优点是手工工艺能够通过工人之手传承，缺点也是明显的，质量控制难以保障，在人口密集区的环保投诉率较高。在另外一些项目里，也开始使用在传统灰浆配比研究基础上按照"like for like"（原材料原配方）原则的预配的灰浆，这些灰浆采用粉状石灰，在工厂混合并经质量检验后装袋或桶，运到工地，在工地仅仅加水搅拌后就可以使用。这类灰浆又被称作现代石灰灰浆（modern lime mortar），质量稳定，对环境影响小，但是，有时设计师、业主方或修复师不清楚这类预制灰浆的配比及性能。

　　这类问题在欧洲同样存在。在瑞士自然科学基金项目 DORE（13DPD3-116016/1）的资助下，对比了不同的手工配制的灰浆与预制干混砂浆（dry mix）（表 7-1）的性能。

表 7-1 现场混合及预配干混砂浆的主要组分

样品代码	T 1	T2	T3	T4	P1	P2	P3	P4	P5
配比	消石灰粉 CL90+ 标准河砂（1：2 体积比）	陈伏二年石灰膏 + 标准河砂	陈伏二年石灰膏 + 标准河砂 + 烧结黏土砖粉	有经验的修复师傅采用石灰膏配制	特殊水硬黏合剂（推测为含水泥）+ 火山灰 + 天然砂	无水泥，NHL3.5 + 消石灰粉 + 硅质砂	NHL3.5 + 火山灰 + 硅质砂 + 河砂等	NHL5+ 石灰岩砂	NHL3.5 + 石灰岩砂 + 大理石粉

资料来源：A. Jornet 等，2012

对不同灰浆的强度、孔隙率、吸水率、透气性等进行了测试，发现①同样的现场配制的灰浆，采用陈伏两年的石灰膏的灰浆 (T2) 强度要高于采用消石灰粉 CL90 配制的（T1）（图 7-7）；②添加砖粉的灰浆强度明显增加，但是增加脆性；③由经验丰富的修复师傅配制的灰浆 (T4) 和按照一般技术常识配制的灰浆 (T2) 相比在强度等参数方面差别不大；④采用添加水泥（P1）和加火山灰的石灰干混砂浆（P3）的强度远远高于传统手工配制的灰浆；⑤采用天然水硬石灰 NHL3.5（P2）或 NHL5（P4）配制的干混砂浆在强度、吸水性、透气性等指标和采用气硬性石灰石灰膏（陈伏两年）手工配制的传统灰浆非常接近，特别是这类干混砂浆具有与传统灰浆非常类似的较低的抗压抗折强度比值（压折比）（T2 压折比 =1.3 ～ 1.8，P2 压折比 =0.8 ～ 2.1，P4 压折比 =1.8 ～ 2.1）都具有很好的韧性。所以，从技术性能角度，可以采用由天然水硬石灰配制的干混灰浆代替传统灰浆。

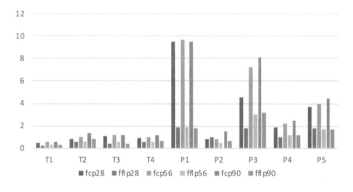

图 7-7 不同配比的抗压、抗折强度（代号说明：fcp28=28 天抗压强度，fflcp28=28 天抗折强度；fcp56=56 天抗压强度，fflcp56=56 天抗折强度；fcp90=90 天抗压强度，fflcp90=90 天抗折强度）
数据来源：A. Jornet 等，2012，戴仕炳根据原始数据重新绘制

根据最新的研究成果以及我国有限的工程经验，现场配制传统灰浆需要合适的原材料、熟练的技术人员和施工师傅以及很长的工程准备时间，才能满足保护修缮工程对高质量的需求。当上述条件不能满足时，采用预配的干混砂浆是很好的替代选项。

7.3 "工"之理化指标

定量描述石灰工法的理化指标主要包括两个部分，其一是石灰添加水后或灰膏加其他材料后的加工，包括搅拌、放置、炼制等，使之成为浆料，在施工到需要部位并固化前，也包括固化过程的性能；其二是描述固化后的性能。

7.3.1 固化过程石灰灰浆施工性能指标

固化前的灰浆性能技术指标包括塌落度、含气量、保水性、流动性等（图7-8）。固化过程的技术指标有凝结时间、收缩性能等，石灰材料性能检测尚无专门的标准，也无评价指标，但是可以参照水泥砂浆或石膏的检测方法进行检测，评价则需要真正的专家核议。

由于石灰灰浆收缩比较大，其收缩性能的检测是灰浆质量的重要指标。收缩性是指石灰材料在失水固化过程中产生的体积变化，根据不同收缩方向，又分为横向收缩和纵向收缩。通常情况下，灰浆的含水率越高，收缩越大。灰浆中合理骨料的级配、纤维都可以有效减少收缩。实际应用过程中，灰浆材料的收缩还与使用的基材的吸水性、养护条件、施工工艺等有较大关系。收缩的检测方法有观察法、比长仪法等。灰浆材料的收缩对于施工是不利的，因此，需要尽可能避免发生。观察法主要是根据材料的裂纹情况评估灰浆材料的收缩程度，一般抹灰材料的收缩会导致剥离、开裂等表象，注浆材料的收缩可以通过红外成像、饱满度评估等方法进行评估。比长仪法是一种通过对比灰浆材料样块长度进行定量判断收缩程度的实验室方法，可以直接测得不同龄期灰浆材料试块的长度变化，是灰浆材料收缩性能评定的有效方法之一。

7.3.2 固化后评估灰作工法质量的指标

固化后的灰浆的理化指标主要包括：
第一是机械物理强度：如抗压强度、抗

图 7-8 流动性检测
图片来源：胡战勇

折强度、附着力（图7-9）；第二是吸水率和透气性；第三是孔隙率等。当然，颜色及颜色的均匀程度、表面粗糙程度等也是固化后的工法质量指标。

附着力是指两种材料界面处产生的拉结力，在保护和修复领域，是比抗压强度等更重要的指标。可以通过抗拉强度和剪切强度的检测方法来知其大小。附着力的大小与接触面的大小、粗糙程度、清洁度等直接相关。以石灰制备的无机胶凝材料的附着力，根据不同的石灰类型、温湿度和气候环境、基材类型，以及不同的处理方式都会有很大差异。

石灰附着力（或黏结力）和环境的温湿度有很大关系，这是实验环境无法真实模拟的。重要保护项目应在工地现场制样测试（图7-10）或在本体抽样检测。

图7-9 石灰抹灰附着力实验室检测
图片来源：胡战勇

图7-10 广西于花山岩画保护现场的实验室测试石灰黏结剂的黏结力
图片来源：胡战勇

7.4 灰土夯筑工法的现代解译及质量控制

根据传统经验，参照现代路桥工程石灰改性土的研究成果，高质量的夯筑工作考虑的变量包括：土的类型、黏合剂（气硬石灰和水硬性石灰）的类型、黏合剂的添加量、灰土混合物的干密度以及混合均匀程度等。同时，视夯筑过程所处的部位、气候环境等需要考虑是否保湿养护等。

7.4.1 石灰改性土的质量参数及流程
石灰改性土的配方设计按照如下流程进行。

第一步：确定使用的土的类型，含有粗细颗粒的土适合夯筑。

第二步：确定添加的石灰类型（参见图6-10）及比例，原则上，黏土含量高的土需要添加气硬性石灰，黏土含量低的砂土需要添加水硬性石灰。当石灰添加到土中后，通过阳离子交换和改变黏土矿物的絮凝/聚结特征而改变土壤的结构，形成所谓"碎屑结构"，其使得黏结剂能够均匀地混合到土中。石灰会降低土壤的可塑性并改善可加工性。

第三步：最佳比例，通过标准的保湿养护、浸水养护和冻融循环测试确定了承载能力的变化以量化最佳比例。路桥工程改性土的标准是：满足 28 天正常养护的试块单轴抗压强度 ≥ 0.5 N/mm^2。在任何情况下，浸入 24 小时后的强度的降低不得超过浸入水前的强度 50%，这里黏合剂（生石灰粉）的最小添加量为质量比 3%。文物保护的标准应该按照具体项目的要求进行确定。作者团队在平遥等地的经验值是石灰（小于 40 目的高钙生石灰粉和天然水硬石灰）添加量的质量比为 6%~10%。石灰含量过低则达不到强度及耐水性要求。过高会使得颜色变白，夯实密度小并易发生收缩，早期强度低。

第四步：最佳夯实密度。通过击实试验确定灰土最佳夯实密度。达到最佳夯实密度的土不仅具有最大的承载能力和最低的收缩度，而且还具有最好的耐冻融能力，所以对灰处理后的土进行充分压实有利于提升耐久性。

第五步：最佳闷土时间。采用纯气硬性高钙石灰（俗称白灰）改性土的闷土时间为 6 小时或以上，24 小时以内；添加天然水硬石灰的灰土的闷土时间为 6~12 小时。添加水泥的土不可以闷，必须在 1 小时内夯完。添加水泥的灰土超过 1~2 小时后需要丢弃，已经开始硬化的土不得再使用。

研究发现，硅酸盐水泥尽管可以让处理过的土的强度快速得到提高，但是，实验也很清楚显示，在水泥开始出现强度之前，必须将水泥和土混合均匀，完全夯实，否则，添加水泥的土将无法充分压实，这种情况下甚至添加水泥的土会比不添加任何黏合剂的土的强度还要低。无论是从遗产保护还是从技术性能角度，或换言之，可操作性角度，用天然水硬石灰或气硬性高钙石灰改性土都优于硅酸盐水泥。

7.4.2 施工季节及养护

只有在更长的时间内让灰土充分发生化学反应（见 2.2.2 节），采用石灰改性的土才能获得足够的抗冻融和抗水能力。较高的石灰含量对提高强度和耐冻融性等具有积极的作用，特别是在土中黏土含量较高的情况下。添加质量比 4%~6% 水硬性石灰的细塑性黏土在储存 28 天后就表现出良好的抗冻融性能，而纯气硬性石灰可能需要至少 48 天。

在北方干燥地区或南方干燥季节施工，夯筑的灰土必须保水养护，因为石灰与土发生反应需要水（见第 2 章，反应式 f4, f5, f6）。养护时间会随季节和气候情况浮动，但是若需要达到抗冻融要求的质量，一般需要 2 周到 2 个月。

7.4.3 灰处理土的工程质量控制

在施工现场最基本的质量控制指标有两个：第一个为石灰与土是否混合均匀，可以通过取样、喷指示剂（酚酞酒精溶液）来检查石灰是否均匀混合到土中。第二个指标是密实度，现场的密实度需要至少达到最佳理论密实度的 98%，而现场测得密实度的平均值应达到最佳理论密实度的 99.6%。

7.5 砌筑、勾缝、抹灰施工注意事项

能否用好石灰灰浆首先取决于施工人员能否理解材料的特征及石灰灰浆固化或达到效果的基本原理，且其是否能在应用材料时遵守一些基本原则。第二，施工人员需要有耐心和实践经验。从管理角度要通过培训和试错使施工人员掌握理论技术，获得经验。

7.5.1 砌体强度与砂浆的关系

根据 A Costigan 和 S. Pavia 的实验研究结果，不同类型的石灰砂浆的强度有很大差别（图 7-11），如天然水硬石灰 NHL5 砂浆 6 个月的抗压强度是 NHL2 的 5 倍以上，但是不同类型的砂浆对砖砌体的黏结强度（对变形的承受能力）影响较小，如采用 NHL5 砂浆砌筑的砖砌体的黏结强度在 6 月后只是采用 NHL2 砌筑的砖砌体的黏结强度的 2 倍。砖砌体的抗压强度和砂浆的抗压强度有关系（图 7-12、图 7-13），但是最重要的还是和黏结强度有关。所以，黏结强度好的低强度的气硬石灰或低强度的天然水硬石灰 NHL2（具有更好的塑性）要比脆性的高强度的 NHL5（如果黏结性差的话）更利于建造出高质量的砌体。所以，具体施工时宜通过各种方式增加灰浆与砖石砌体之间的黏结力，而不宜追求使用高抗压强度的灰浆。

7.5.2 如何增加石灰灰浆的黏结力？

前文已经阐明，砌筑勾缝及抹灰灰浆的附着力比其强度对质量更有意义。石灰基砂浆的黏结强度低于天然水泥或人造水泥，在更大程度上需要依赖良好的机械咬合以

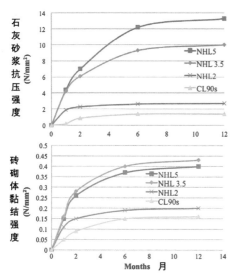

图 7-11 石灰砂浆抗压强度与砌体强度随时间的变化
图片来源：Costigan, A et al. Influence of the mechanical properties of lime mortar on the strength of brick masonry, in J. Valek et al. (eds.), Historic Mortars: Characterisation, Assessment and Repair, RILEM Bookseries7,D OI10.1007/98-94-007-4635-0_10, RILEM2012,359-372

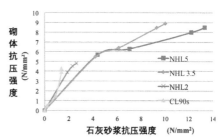

图 7-12 石灰砂浆抗压强度与砖砌体的关系
图片来源：Costigan, A et al. Influence of the mechanical properties of lime mortar on the strength of brick masonry, in J. Valek et al. (eds.), Historic Mortars: Characterisation, Assessment and Repair, RILEM Bookseries7,D OI10.1007/98-94-007-4635-0_10, RILEM2012,359-372

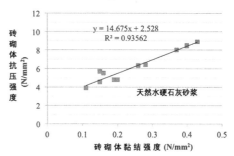

图 7-13 砖砌体的黏结强度与抗压强度的关系
图片来源：Costigan, A et al. Influence of the mechanical properties of lime mortar on the strength of brick masonry, in J. Valek et al. (eds.), Historic Mortars: Characterisation, Assessment and Repair, RILEM Bookseries7,D OI10.1007/98-94-007-4635-0_10, RILEM2012,359-372

确保与基材的粘合性。或者需要石灰与基材（如旧黏土砖）发生反应而增加黏结力。

　　如果采用石灰砂浆勾缝，勾缝前应将砖石缝仔细清除，并清理干净砖石砌体上松动的粉刷或者抹灰。灰尘会削弱新的砂浆与砖石之间的黏结力，可以用手动的吹风机压缩空气或用硬毛刷清洁表面和接缝；可能还需要用较软的油漆刷清理砖砌或石砌中的狭窄缝隙。还可以用配有喷淋装置的软管用水洗清洁基材，而高压喷水枪会损伤脆弱的砖石，导致引入过多的水，因此不宜使用。水洗后可能会出现泛碱。

　　一些基材例如光滑、吸附力很低的硬砖和致密的不透水石材，它们对石灰粉刷和抹灰的附着力很小，这就可能需要附加机械手段以达到修复要求的附着力。传统的方法是凿毛石砌体的表面以形成纹理——在有的历史建筑剥落的抹灰后会看到这种被凿毛的痕迹。损伤较小的方法是在基材上先抛打上一层粗颗粒、低 - 中等水硬性的石灰砂浆层，等其固化后再抹底层；这样利用抛打的压力将空气排出，使砂浆和基材之间的黏结力最大化。或者可以将不锈钢螺钉将专用抹灰网固定到基材上，如金属网板或已在其上烧制陶瓷键的不锈钢丝网，而普通的不锈钢或镀锌金属丝网太光滑、太薄，无法为石灰砂浆提供良好的支撑咬合作用。

　　严谨除缝，致密勾缝，在粉刷或抹灰之前用合适的石灰砂浆重勾缝，这些措施能够改善在致密石砌体上的吸附力和附着力。粉刷或抹灰不同层之间的结合也很重要。面层脱落常是由于结合力不够引起的，可以刮擦掉一层使其表面变粗糙。在采用石灰修复砂浆修复砖石时，在砂浆浆底层上涂抹胶泥也可能有助于改善基材之间的附着力。这种胶泥的施工方法是将少量的石灰修复材料用水稀释至膏状的稠度，并用油漆刷涂抹；当一些混合水被基层吸收，并且浆料表面失去光泽时，即可施工修补砂浆。

7.5.3　控制基层吸水

　　将砂浆抹在砖等多孔材料表面上时，水会因毛细作用被吸到基材中，如果不受控制，会导致砂浆快速脱水。这会削弱灰浆与基材的黏合，增加收缩的风险，并抑制碳化和水合作用。因此，在应用石灰砂浆时，必须控制毛细脱水。这可以通过使用泵式喷雾器或带有喷头的软管来润湿基材，但不应使用高压喷雾器。所需的润湿量取决于：

　　(1) 砖石砌体的性质：例如相对渗透性较差的花岗岩或致密石灰石所需的润湿度要比多孔砂岩或黏土砖少得多。

　　(2) 缝的宽度（用于重勾缝）：较窄的灰缝比宽缝能更有效地保持水分，并且需要较少的润湿。

　　(3) 砌体的基础湿度：和季节、近期的周围环境、外露程度及构造有关。近期重建过的任何地方或采用无机材料结构灌浆部位都可能有较高的含水量。

　　在炎热干燥的天气下，新砂浆施工前必须先将砖石"润湿"。预润湿可能需要在勾缝或粉刷前两天开始，并且用塑料布保护墙壁以保持湿度。理想情况下，应将脚手架覆棚以提供阴影，并控制风吹日晒的干燥效果。

　　相反，在非常密实的砖石或基础湿度高的基材上，轻喷雾以确保表面润湿可能就足够了。砌体不应太湿，目标应是润湿而不是潮湿的基材。如果水在表面闪闪发光，则会增加砂浆的水分含量，使其比预期的更稀，反而会削弱砂浆与砌体之间的结合力。

7.5.4　如何处理很湿的基材

　　在进行修补工作之前已经经历了长时间降雨的，或者是用水泥砂浆勾缝或粉刷的，或者是近期进行过结构灌浆加固的砖石砌筑，即使安装了脚手架和防雨棚，基材可能仍然很湿。对于非水硬石灰，即使在夏季进行施工，较高的基材湿度也会干扰碳化的进度。因此，理想情况下，墙体应用脚手架搭建临时屋顶，所有墙体表面均应防止雨淋并保持良好通风。在修复砂浆施工之前，彻底梳理干净缝隙或去除硬质旧水泥抹灰也有助于促进干燥，尽管即使在理想条件下，完全干透也可能需要数月时间。测量砖石中的含水量可以帮助确定水分何时降低到满意的程度。在相对湿度超过 80% 时，石灰的碳化进程会将受到严重影响。

7.5.5 表面加工

在我国抹灰工法中，最后的面层采取收光，在台湾地区称作"摧灰"。采用纯石灰膏抹面时可得光亮面层，即所谓镜面墙。但是如果采用的是添加砂的石灰砂浆，用金属灰刀反复打磨湿砂浆，石灰会浮到砂浆的表面，形成富含石灰的浮浆结壳，并消耗掉下面砂浆中的石灰黏结剂。该致密层会阻止深部砂浆的碳化。此外，它与下层强度较弱的材料具有不同的热变形特性，这可能会导致表面与内部热胀冷缩不同步而产生破坏脱落。因此加砂的石灰砂浆应尽量不要压光。

砂浆在仍然潮湿，但是已经达到半硬、皮革般的稠度时可以进行精加工（图7-14）。精加工也可以使抹灰达到不同的视觉效果（图 7-15）。

精加工的时间点可以用手指来检测——将拇指压入表面而几乎没有凹陷为合适时间。其时间点取决于砂浆的水硬性能、砖石砌体的性质和环境条件。在炎炎夏日，几个小时后就可对水硬性砂浆进行再加工，而在潮湿阴凉的天气里在密实的砖石上使用的非水硬性砂浆可能至少需要 24 小时甚至更长的时间。需要对工作时间进行合理安排，以确保工作进度；例如，当日下午的完成面是为了次日上午的精加工而准备的。

图 7-14　历史建筑修复（勾缝或抹灰）表面搓毛有利石灰的碳化，同时营造历史的质感
图片来源：Tanja Dettmering

图 7-15　同一种配比的抹灰不同的表面处理（四角材料表面打毛工艺）
图片来源：　戴仕炳

7.5.6　控制收缩

如果基材已被充分润湿，砂浆的快速脱水导致收缩开裂空鼓的风险会降低。但在某些砂浆中，尽管水分的缓慢失放，仍可能出现收缩。收缩风险随着水硬性的提高而降低，非水硬性砂浆收缩开裂的风险最大。

如发现灰浆收缩开裂，在砂浆仍为塑性时，可用木质或塑料浮板（用于抹灰和粉刷）进行擦刷来闭合收缩裂缝。如果进一步出现收缩裂纹，则可能需要重做。应经常检查收缩程度及范围，并在发现裂缝后立即将其闭合。如果放置的时间太长，砂浆会太结实，在这时尝试闭合裂缝可能会报废整个工作。尝试在抹灰已为半刚性时加工可能会导致其与下部分离，而使用水硬性石灰在其开始凝固时将砂浆压紧，则会破坏已开始固化的砂浆，降低其强度。

7.5.7　固化养护

水对于非水硬性和水硬砂浆的固化都是必不可少的。非水硬性石灰的相对湿度保持在 60%，水硬性石灰保持在 90%（见图 2-5，2-6），可以实现最佳的碳化和水合作用，其中前 20 天最为关键。为了保存水并减少风干，则需要保护性的覆盖物。此外，在干燥地区在施工后至少 7 天内必须对灰浆进行轻喷雾，以确保其保持润湿但不过于潮湿。在这段时间之后，进一步的日常喷雾也是有益的。研究发现，前 2~3 天让天然水硬石灰 NHL2 灰浆干燥，然后每 20 小时对其进行喷水雾会使其强度提高一倍以上。这种额外的强度增加大部分是在固化的前 15 至 20 天获得的。如果砂浆完全失水，在三周后再进行喷雾几乎无助于强度的提升。

与水泥砂浆相比，所有石灰砂浆的强度增长都较为缓慢。即使是水硬性石灰砂浆施工后的几个星期内，也容易受到雨水的破坏，或者在短期内因风和日晒而迅速干燥。

在温暖炎热的天气下，新鲜砂浆中水分的快速流失是最大的危害。尽管阳光和高温会促使水蒸发，干燥效果在风的作用下则要大得多，因此，必须有效防止风的作用，尤其是强烈的局部穿堂风。多日停工时需要把覆盖物打湿。在脚手架外的覆盖物可以提供额外的遮荫并防止风干，但是在炎热和刮风时可能需要额外的防水油布或塑料布，理想情况下应与墙壁隔开约 100 毫米的距离，并用绑带或重物以抵御风吹。塑料遮盖绝对不能直接放在施工面上，因为这会限制空气流动和碳化。

如果石灰砂浆在施工后的前几周暴露在暴雨中，则很容易浸出未碳化的黏结剂氢氧化钙，导致发白。脚手架能提供一定的防雨保护，在裸露的地方也需要铺防雨膜。如果没有临时屋顶，则需要塑料防水油布来保护顶部。在没有脚手架的情况下，将塑料布悬挂在墙壁表面约 100 毫米处可以防雨，同时保持空气流通。

砂浆免受日晒、风吹和雨淋的长期保护需求取决于环境条件，但是一般来说保护时间越长越好（强水硬性石灰需要的保护程度较低，具体仍取决于施工时的温度）。在天气较好时，15 天就足够了，寒冷时则至少要增加 20 天，而在潮湿多风的情况下甚至需要更长的时间。

以上的经验主要针对干燥地区。潮湿气候环境下则一般需要使石灰砂浆先干燥，配方上也宜选择 B 类或 C 类砂浆。

7.5.8 温度的影响

天然水硬石灰的固化同样取决于温度。高温会加快初始强度发展，但是水硬性组分的快速水合会生成致密的产物，抑制深部固化反应，从而降低最终强度。在较低的温度下，强度的增加会慢得多，但是水合作用形成的产物孔隙率更高，可以与大气中的二氧化碳和水持续反应，最终砂浆强度会更高。但是，过低的温度会大大降低极限强度。天然水硬石灰的最佳固化温度一般为 15℃。

从理论上讲，在较低温度下非水硬性石灰的碳化应更快（温度与二氧化碳的溶解度成反比，因此温度越低，溶解度越大，且二氧化碳在孔隙水中的浓度越高），但实际上温度对非水硬性石灰的影响很小，并且对碳化速度没有明显影响。但是，低温会减少水分蒸发，因此非水硬性砂浆会长时间保持润湿，从而抑制碳化。

因此，低温会降低所有石灰砂浆的凝结速度，从而使其强度变弱，并且比在温暖季节更容易受到其他因素的破坏。

冻融会使石灰砂浆发生破坏并导致其强度失效。但是只有在砂浆饱水或接近饱水时才会发生冻融。施工后，砂浆中的水分被砌筑物吸收、蒸发，与水硬性成分发生水合逐渐失去混合水。在秋季和冬季，砌体通常比春季和夏季潮湿，基层吸收水较慢，而低温会阻碍蒸发和水合。因此，砂浆保持为潮湿状态的时间通常比温暖时期要长得多，因此它们遭受冻融可能性增加并延长了。近期施工的、已开始变干的砂浆如果暴露在雨中会再次变得水饱和，如果温度随后降至冰点以下，也可能造成冻融破坏。

砂浆的孔隙结构及其抵抗应力的能力是决定耐冻性的两个主要因素。如果石灰是非水硬性石灰，则只有在几乎全部碳化后才能有抗冻能力，这就是为什么通常不建议在英国的夏季末或我国的北方秋季单独使用非水硬性石灰，除非能提供充足保护。如果石灰是水硬性的，则可以更快地形成更坚固的孔隙结构，甚至在完全碳化前就可以实现抗冻融性。在 20℃ 以及合适的湿度（相对空气湿度大约 90%）下，NHL3.5 砂浆大约在 90 天（三个月）后达到抗冻性，但是在 10℃的温度下会延长到 135 天。低于 5℃则几乎不会发生水合反应，因此砂浆会表现为干巴巴的非水硬石灰性状，并一直保持这种状态，直到温度升至 5℃以上，水合反应才重新开始。这意味着，根据英国的经验，在冬季来临之前，夏末初秋使用的 NHL3.5 砂浆无法具备良好的抗冻性。

在我国北方，一年中只有大约 5 个月（4~8 月）可以施工石灰砂浆。在这个时段内施工，到初秋时砂浆就能抵抗冻融。但是，将石灰的使用限制在这一时期是不切实际的。事实上，在指定使用石灰砂浆后，需要预见最坏的情况，并要求采取适当的措施和养护以适应寒冷的天气。

其他能够改善砂浆固化的措施是使用热水混合水硬性砂浆，并加入多孔骨料以帮助空气进入砂浆中。在某些情况下，也可以通过使用专有外加剂（见第 6 章）来提高砂浆的固化性能和抗冻性。必须充分了解外加剂的潜在副作用，因为在某些情况下会严重削弱石灰砂浆的耐久性。

在寒冷的天气中，所有黏合剂应在无霜的条件下存储，也不要使用仍然冻结的砂子。如果需要，可以使用热风机先解冻。

7.6　潮湿气候环境下的抹灰施工——台湾的经验

台湾当地的传统灰壁工艺分底涂、中涂和面涂。各层因构造功能不同，匠人在工艺上会有个别细节考虑与作法。但是其工艺在总体方面有如下共识。

1．底涂上灰前必须墙面洒水

墙面洒水为抹灰前不可或缺的动作，不论砖墙、土等均需进行泼水。泼水的作用主要是使墙面达到足够润湿的程度，泼水动作并非一次完成，须在抹灰前多次泼洒，使水分能够确实渗入墙体中。

2．底涂

不可一次将底涂厚度抹足，过程应分次镘抹，镘抹时需待上一层灰泥稍微干硬（水分干燥 7~8 分）后才能续镘抹。

3．中涂

中涂时机须在底涂干硬后，一般在底涂水分干燥 7~8 分后，此时底涂无法以手指按压出痕迹，但仍可感受到湿润的触感，依据匠人经验，在晴天环境下，底涂完成隔天即可施作中涂。

4．面涂

面涂时机一般亦在中涂水分干燥 7~8 分后，然而亦有匠人采用中涂间隔仅 2~3 小时（砖砌墙体）即施作，使两层湿黏为一层。面涂为传统灰作的最外层，其厚度以 "薄" 为基本要求，一般而言仅 1~2mm 即可。对于面涂厚度一般求其薄的原因，主要在于增加碳酸化反应，形成保护层，提供灰壁防水、耐候性。另外，面涂为达到光滑致密而具有防水功能，须经过摚光。

5．面涂保护层

面涂外再多施作一层面涂保护层，是个别匠人的作法。此保护层主要以白灰与海菜水调制成乳胶状。此层需在面涂干硬后施作，一般在面涂摚光后隔天即可。保护层的厚度非常薄，施作后也需再经过摚光程序。此面涂保护层可使壁面相当光滑，具有良好的排水性，特别是对于户外壁体，能提供很好的耐候防护性。

7.7　历史抹灰的原位修复——以澳门大炮台为例

7.7.1　历史抹灰的原位加固

保留的传统石灰抹灰遗存如发生空鼓、脱落等病害，以前的处理方式通常都是铲除后重做，但是大部分旧抹灰具有重要的历史证据价值，也有一部分具有较高艺术价值，尽管这些抹灰有时没有彩绘等。不同地域的抹灰代表了一个特定历史时期的成熟技术和地方工艺，因此，应尽可能采用原位保护的方法进行修复。

常用注浆黏结将空鼓的批荡、粉刷回贴到基础（具体工法见图 7-16）。目前成熟的注浆材料有天然水硬石灰、纳米 - 微米石灰以及基于正硅酸乙酯的注浆料。水泥一般不适合用于石灰粉刷批荡的原位加固，丙烯酸、环氧树脂等有机树脂一般仅适用于点黏结，不适合大面积灌浆加固。

7.7.2　澳门大炮台东立面批荡修复工法

澳门大炮台（Fortaleza do Monte），占地约 1 万平方米，呈不规则四边形，位于澳门半岛中央柿山（又名炮台山）之巅，原为圣保禄教堂的祀天祭台，又名圣保禄炮台、中央炮台或大三巴炮台，建成于 1626 年，澳门居民称为大炮台，为中国现存

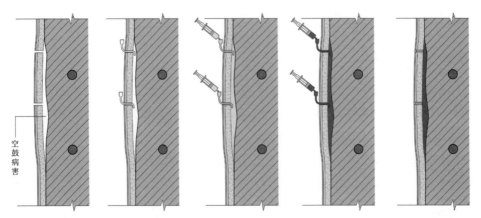

空鼓病害

图 7-16 砖石及夯土抹灰（批荡）墙面原位注浆加固工法（视基材的特点、保护级别、构造层次，可以采用先注射渗透性硅酸乙酯增强剂以预固化基材，1~2 天后再注射天然水硬性石灰或纳米 - 微米石灰或弹性硅酸乙酯配制的灰浆）

图片来源：唐雅欣

最古老的西式炮台建筑群之一部分。

因自然老化及长期受雨水冲刷，面层批荡出现开裂、空鼓，脱落等现象。在近 10 年的研究勘察评估基础上，澳门文化局于 2018 年决定分三期对大炮台面层批荡进行维护。第一期工作于 2019 年下半年开始，于 2020 年初完成。

修复工作强调新旧相容，传统工艺与保护功能结合。

对夯土墙及表面批荡层的分析结果表明，大炮台围墙主要保护对象为内部的夯土墙，而外部批荡则为其保护层，且经过多次修补，已经较难找到最原始的批荡层（见图 7-17，图 7-18）。在得到了夯土层以及其各时期表面灰泥层及批荡砂浆层的成分及配比的基础上，提出原位修复方案如下：

（1）清除树、苔藓等。

（2）夯土层若有被植物根系穿透的现象，则清除植物后采用气硬石灰水灌浆，裂缝处以天然水硬石灰灌浆加固。

（3）大的裂缝采用天然水硬石灰添加河砂及减水剂进行注浆加固。

（4）使用小型工具对墙体表面作检测，找出空鼓的位置，保存完好的的空鼓批荡采用天然水硬石灰注浆黏结。

（5）补夯：清除松散的表层夯土→刷浓灰水→按 1∶9 比例混合消石灰和黄土，加水搅拌均匀后，补夯到表面。

（6）根据材料分析结果，采用相应的材料对夯土层、灰泥层及批荡层以传统的工艺和技术作修补；采取从底层到面层的顺序为：灰水 / 浓灰水→灰泥→石灰批荡（添加水硬石灰）→灰水保护的工艺。

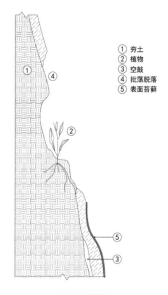

①	夯土
②	植物
③	空鼓
④	批荡脱落
⑤	表面苔藓

Ⅰ	1. 去除植物 2. 根部用石灰砂浆灌注
Ⅱ	清理残余的石灰批荡至坚固部位
Ⅲ	夯土面刷石灰水固化
Ⅳ	补夯
Ⅴ	灰泥层
Ⅵ	批荡层
Ⅶ	空鼓NHL石灰浆注浆加固
Ⅷ	灰水层（新旧表面均刷或只刷新做和补修）

大炮台外墙现状 　　　　　　　　　　　大炮台外墙修复方法

图 7-17　大炮台表面批荡修复工作说明
图片绘制：王怡婕等

在东立面修复维护工程期间（2019~2020），同济大学建筑与城市规划学院历史建筑保护实验中心对修复过程、材料以及修复效果等进行监察、取样、分析及评估，为其他立面的保护提供经验。

7.8　石灰的结构灌浆加固工艺

7.8.1　传统灌浆

传统热石灰灌浆是采用生石灰加水等消解后的浆料在热的状态下不添加任何砂或黏土就浇注到裂缝的方法（图 7-19）。借助重力作用，热石灰浆会进入大的裂隙或空洞，溶解在消解水中的氢氧化钙和石灰的自愈功能也可以黏合微细的裂缝。

图 7-18　大炮台东立面修复前（上）后（下）效果对比
图片来源：钟燕、吴薇薇

但是需要注意的是，灌浆时，需要将所有缝隙密封，防止流浆（图 7-20）。纯的气硬性石灰的固化需要大气中的二氧化碳。在致密的砖石砌体里，灌浆料可能需要数十年固化。如果灌注到深色砌体，未碳化的石灰容易随潮气流出，发生钙华而影响外表。

为防止钙华等产生，近年来采用水硬性组分高的天然水硬石灰替代传统白灰进行灌浆。

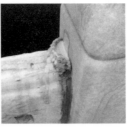

图 7-19　北京故宫汉白玉栏杆采用热石灰灌缝
图片来源：戴仕炳

图 7-20　传统热石灰浆
图片来源：戴仕炳

7.8.2　采用天然水硬石灰的结构灌浆——以希腊达夫尼拜占庭修道院的主教堂为例

　　达夫尼拜占庭修道院的主教堂是最早被列于联合国教科文组织世界遗产名录中的重要文化遗产之一，它建造于地震多发地带，在历史上多次受到地震的影响。这些灾害给其中世界闻名的壁画马赛克带来了许多结构上的问题和病害，其中最具破坏性的是 1999 年的雅典大地震。相关人员在震后采取了紧急抢险措施，继后开展了保护研究计划，在调查基础上，开展了系统的结构修复研究（图 7-21）。

　　干预的第一阶段是对砖石砌体进行加固，使用新方法、无损检测技术和监测系统（评估）控制干预效果。结构修复干预第一阶段的主要目标是以最佳的方式改善砌体的机械性能，恢复砌体由于产生大量裂缝而丧失的连续性，提高砌体对拉力和剪力的承受能力，并排除可能存在的影响耐久性的副作用。要实现这一目标，就必须考虑到壁画马赛克、湿壁画和旧砂浆的存在，这些都必须进行就地保存和保护。

　　砌体修复干预的第一阶段主要包括以下工作：

　　（1）小心地清除在先前的抢救性干预过程中使用的抹灰和变质劣化的勾缝砂浆，同时不允许损害相邻或在其下部的旧灰泥。

　　（2）清除瓦或其他覆盖、填充材料，使人可以直接观察到所有拱形结构的外拱面。

　　（3）使用长条石、砖块或薄的钛合金板缝合最严重的裂缝。

　　（4）为了修复移位、塌陷的部分或修复过去的形态变化，进行局部的重建。

　　（5）必要时局部进行深层填缝，并清理出需要注射灌浆的砌体。

　　（6）实施注射灌浆。

　　（7）拆除所有注射管。

　　（8）使用湿壁画技术对所有劣化的旧砂浆进行原位修复保护平色。

　　（9）采取所有必要的措施，以确保外拱面部分免受雨水的侵害。

　　由于灌浆是无法撤回的干预措施（不具可逆性），需要对灌浆材料及工艺进行

图 7-21 达芙妮修道院出现的病害与围绕灌浆材料及工艺开展的研究
（1-第一批世界文化遗产；2-雅典大地震后开裂；3-灌浆材料的抗压、抗剪试验；4-石灰结构灌浆效果地震模拟实验）
图片来源：秦天悦整理

系统研究后方可实施。首先，参考了结构修复研究得出的性能指标要求，然后确定了灌浆工程的基本机械性能目标值：灌浆后砌体抗拉强度达到灌浆前抗拉强度的两倍，抗压强度达到约 3.0 MPa。此外，应当在不损害建筑结构和珍贵马赛克的耐久性的前提下，决定灌浆料原材料的物理和化学性质。最后，灰浆应具有较高的可灌性，使得它们能够在约 0.075MPa 的低压下进入并填充微细的空隙和裂缝，其渗入的最小裂隙的宽度应达到 0.2 毫米。经过初步筛选有两大类灰浆能满足可灌性、强度和耐久性的要求：第一类灰浆为由（非水硬性）石灰、火山灰活性成分和水泥（水泥含量达 30%）组成的灰浆，第二类为天然水硬石灰配制的灰浆。再经过实验室深化测试、模拟砌体的强度测试、模拟穹顶的抗震实验等结果比较，最终发现，采用天然水硬石灰（NHL5，法国 St Astier）添加少量火山灰（约 10%）和减水剂的灌浆料最合适用于地震导致的砌体的细达 0.2 毫米的裂隙灌浆加固。

7.9 思考题

（1）干燥地区石灰抹灰施工应注意什么？

（2）类似广州、海口等极度潮湿地区的石灰施工需要注意哪些事项？

（3）如何使石灰材料实现耐冻要求

（4）石灰是否可以作为结构灌浆材料？工法需要注意哪些方面？

（5）您的家中或保护工程、新建工程中有用到石灰吗？对其工艺有什么要求？

第 8 章　传统石灰煅烧复配研究

通过精确设计，可以从"石材选择、煅烧温度与时间"等参数模拟传统石灰的煅烧方法，为消解、配方优化等提供不同的原材料。初步研究表明，采用含有 5%～10% 黏土等杂质的被定义为质量差的石灰石在合适温度（950℃～1100℃）可以烧制出带有水硬性组分的石灰，其在 15 天抗压强度可以达到 2～3MPa，类似欧洲的天然水硬石灰。采用普通立窑烧制的生石灰通过控制加水消解、添加活性组分及粉磨工艺可以获得类似欧洲建筑石灰标准的天然水硬石灰——调和石灰（FL）。这为未来我国开展高质量的建筑专用石灰（包括气硬性石灰、天然水硬石灰和调和石灰等）的生产、加工和在近代之前文化遗产保护领域彻底摒弃现代水泥提出了方向。

8.1　国内外研究综述

传统石灰煅烧复制实验是采用现代测量与控制技术，科学再现古代不同原材料、不同燃料、不同烧制方式得到的不同石灰类型的过程，是理解传统灰作的重要步骤。从 20 世纪 80 年代开始，欧洲，特别是以英国等代表的鼓励使用传统材料与工艺的国家，开始进行石灰的煅烧复配实验，并进行小批量的专用于某个建筑遗产的石灰生产，并同时主办"灰作营"（lime workshop），和社会分享成果。

目前国内对于传统石灰的研究较少，多数试验研究采用的是与传统石灰窑差别较大的电炉（马弗炉）烧制（图 8-1），该炉通过程序控温仪表可以较容易地控制煅烧制度（温度和保温时间），从而得出不同的研究数据。对于现阶段天然水硬性石灰的烧制研究，通常使用的也是马弗炉。而实际生产中由于成本问题，烧制石灰很少用电。

传统土窑的生产方式，由于低效率、高污染等问题，已经基本被淘汰，与土窑类似的机械立窑的生产方式通过升级改造，能够很好地满足现有生产非建筑石灰的技术要求，但由于其体量一般较

图 8-1　试验用马弗炉（左）及依托山体土做的石灰土窑（右）在燃料类型、温度、时间等不存在可比性

图片来源：石登科、胡战勇

大，且测温点布置在窑壁砌体内，主要满足的是生产跟踪控制需要，很难实现对石灰煅烧机理的研究。

在欧洲，一种单次产量在 500~1000kg 小型的石灰窑被用于传统石灰的煅烧研究中（图 8-2）。这种窑炉可以设计采用不同的燃料类型，例如木柴、煤、焦炭等，与一直沿用至今的立窑类似，通过改变燃料与石料的配比、通风等方式调整煅烧温度及煅烧时间，同时通过布置穿透窑炉壁的测温探头能够精确测量并生成不同时间的不同高度、不同深度的温度曲线。

烧制的生石灰可以采用传统方法消解（图 8-3），并利用消解的石灰配制不同类型的灰浆，以助于研究传统工艺（图 8-4）。这些研究对于科学理解和传承传统灰作具有重要意义。同时，烧制的石灰还可以应用到重要遗产建筑的修复工作，在满足保护要求的同时，避免现代化工业生产的石灰出现的弊病。

图 8-2　捷克石灰研究的小型窑炉（1、2）及英国早期户外实验窑（3）和石灰研究培训采用的小型窑炉（4）
图片来源：1、2：J.Valek；3：Hughes, J.J,etc,Practical application of small-scale burning for traditional lime binder production:skills development for conservation of the built heritage,13th International Brick and Block Masonry Conference, Amsterdam,July 4-7 2004；4：Weismann,A，Katy Bryce.Using Natural Finishes: Lime and Earth Based Plasters, Renders & Paints[M].Green Books Ltd.2010）

图 8-3　实验窑烧制的石灰采用堆砂法（左）及煮浆法（右）消解
图片来源：J. Valek

8.2 实验窑设计

本书在下文中介绍的试验窑炉形制及煅烧工艺与传统石灰立窑类似（图8-5），石灰石装填量600~1000kg，在窑壁四周分层布置6~12个测温探头，可记录试验窑内不同位置、不同高度的温度，温度数据可通过温度记录仪自动保存供烧制后进行数据分析。

图 8-4　采用从石材选择到工艺试验的灰作研究
图片来源：戴仕炳

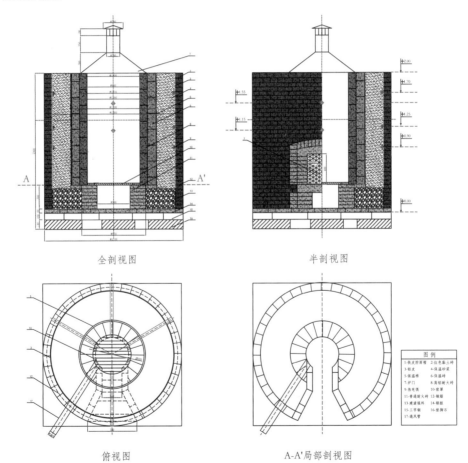

全剖视图　　　　　　　　　　　半剖视图

俯视图　　　　　　　　　A-A'局部剖视图

图 例
1-炼火挡雨帽　2-红色黏土砖
3-铝皮　4-保温砂浆
5-保温棉　6-保温砖
7-炉门　8-高铝耐火砖
9-热电偶　10-窑罩
11-普通耐火砖　12-钢箍
13-捣浆填料　14-钢板
15-工字钢　16-垫脚石
17-通风管

图 8-5　实验窑的构筑设计图
图片来源：德赛堡

试验窑可通过改变燃料类型（木材、焦炭、无烟煤等）、燃物料配比、物料装填方式以及进风量（炉门开闭、开启鼓风机等）大小，实现对窑炉内不同位置烧制温度及温度持续时间进行调整。可以灵活实现不同地区的不同类型的石灰石烧制生石灰的研究，对满足遗产保护不同类型（气硬 - 水硬）石灰的量产具有重要的参考意义。

图 8-6 制作完成的实验窑
图片来源：德赛堡

8.3 实施过程

8.3.1 原材料准备

1. 燃料

烧制试验采用三种燃料混合使用，燃料参数见第 4 章，表 4-1。

2. 石灰石

试验选取安徽广德、安徽凤阳两个地区的 3 种石灰石，见图 8-7，主要化学成分见表 3-2，水泥指数（水硬性指数）CI 为 0.2 ～ 0.8。

8.3.2 装填方式

石灰烧制试验共烧制石灰 3 窑，由于采样石材来源数量限制，第 1 次烧制采用了安徽广德天石的片状石材，第 2、3 次烧制均采用了安徽凤阳地区的石材，编号如表 8-1 所示。

图 8-7 三种类型石材（从左至右依次：广德天石片状石灰石、凤阳泥灰岩、广德腾狮片状石灰石）
图片来源：胡战勇、石登科

表 8-1 烧制石灰石样品编号

烧制时间	编号标识
2018 年 1 月 18 日	SHSZ-2018-001
2018 年 3 月 4 日	SHSZ-2018-002
2018 年 3 月 8 日	SHSZ-2018-003

装填方式如表 8-2、表 8-3、表 8-4、表 8-5 所示。

表 8-2 SHSZ-2018-001

石材来源		广德天石 2018 年 1 月 11 日取样
装填时间		2018 年 1 月 18 日
点火时间		2018 年 1 月 18 日 18:20
出窑时间		2018 年 1 月 20 日 9:00
石材投入量		700kg，石块大小：60~120mm
燃料投入量		118kg（其中：木柴 6kg、机制炭 12kg、焦炭 100kg）
稳定层料燃比		6.67
总料燃比（不含木柴）		6.25
装填方式（由底→顶）		
第 1 层	燃料	木柴 6kg、机制炭 12kg、焦炭 10kg
	石材	100kg
第 2 层	燃料	焦炭 15kg
	石材	100kg
第 3 层	燃料	焦炭 15kg
	石材	100kg
第 4 层	燃料	焦炭 15kg
	石材	100kg
第 5 层	燃料	焦炭 15kg
	石材	100kg
第 6 层	燃料	焦炭 15kg
	石材	100kg
第 7 层	燃料	焦炭 15kg
	石材	100kg
第 8 层	燃料	0
	石材	0
装填总高度		133cm
折算单层高度		19cm

表 8-3 SHSZ-2018-002

石材来源	凤阳 2018 年 3 月 2 日取样		
装填时间	2018 年 3 月 4 日		
点火时间	2018 年 3 月 4 日 18:00		
出窑时间	2018 年 3 月 6 日 9:00-15:00		
出窑方式	顶部逐层出窑 16 桶，底部出窑 12 桶		
石材投入量	800kg，石块大小：60~120mm		
燃料投入量	112kg（其中：木柴 6kg、机制炭 6kg、焦炭 76kg）		
稳定层料燃比	10		
总料燃比（不含木柴）	9.76		
装填方式（由底→顶）F1			
第 1 层	燃料	木柴 6kg、机制炭 6kg、焦炭 6kg	
	石材	100kg	
第 2 层	燃料	焦炭 10kg	
	石材	100kg	
第 3 层	燃料	焦炭 10kg	
	石材	100kg	
第 4 层	燃料	焦炭 10kg	
	石材	100kg	
第 5 层	燃料	焦炭 10kg	
	石材	100kg	
第 6 层	燃料	焦炭 10kg	
	石材	100kg	
第 7 层	燃料	焦炭 10kg	
	石材	100kg	
第 8 层	燃料	焦炭 10kg	
	石材	100kg	
装填总高度	152cm		
折算单层高度	19cm		

表 8-4　SHSZ-2018-003

石材来源	凤阳 2018 年 3 月 2 日取样	
装填时间	2018 年 3 月 8 日	
点火时间	2018 年 3 月 8 日 19:00	
出窑时间	2018 年 3 月 10 日 9:00-15:00	
出窑方式	顶部出窑	
石材投入量	900kg，石块大小 60~100mm	
燃料投入量	121kg（其中木柴 10kg、机制炭 10kg、焦炭 101kg）	
稳定层料燃比	第 2 层：6.67、第 3—5 层：8.33、第 6—9 层：10	
总料燃比（不含木柴）	8.12	
装填方式（由底→顶）F2		
第 1 层	燃料	木柴 10kg、机制炭 10kg、焦炭 10kg
	石材	100kg
第 2 层	燃料	焦炭 15kg
	石材	100kg
第 3 层	燃料	焦炭 12kg
	石材	100kg
第 4 层	燃料	焦炭 12kg
	石材	100kg
第 5 层	燃料	焦炭 12kg
	石材	100kg
第 6 层	燃料	焦炭 10kg
	石材	100kg
第 7 层	燃料	焦炭 10kg
	石材	100kg
第 8 层	燃料	焦炭 10kg
	石材	100kg
第 9 层	燃料	焦炭 10kg
	石材	100kg(包含 1 桶第四次生烧石头 25kg)
装填总高度	151cm	
折算单层高度	16.8cm	

表 8-5 料燃比与煅烧时间

煅烧编号	总料燃比（不含木柴）	900℃以上温度煅烧时间
SHSZ-2018-001	6.25	约 9 小时
SHSZ-2018-002	9.76	约 14 小时
SHSZ-2018-003	8.12	约 11 小时

图 8-8　装料过程（1. 木柴；2. 焦炭；3—5. 分层铺设石灰石及焦炭；6. 顶部采用保温砖保温）
图片来源：戴仕炳

8.3.3　烧制温度曲线记录

对应于不同燃料装填方式，得到不同的测温点的温度曲线见图 8-9。

8.4　煅烧复制结论

（1）SHSZ-2018-001 的低料燃比条件下的高温快烧，导致了石灰的过火与生烧同时产生。

（2）SHSZ-2018-002 和 SHSZ-2018-003 通过降低石块与燃料配比和调整燃烧进风量，实现了降低燃料用量的同时，有效地控制煅烧温度并拉长煅烧时间（详见表 8-5）。低温长时间煅烧，有益于实现低能耗条件下的石灰生产，同时在石灰生产中生成水硬性的硅酸二钙 C_2S，同时能有效降低水硬性组分 C_2S 向硅酸三钙 C_3S 的转化，避免过烧。

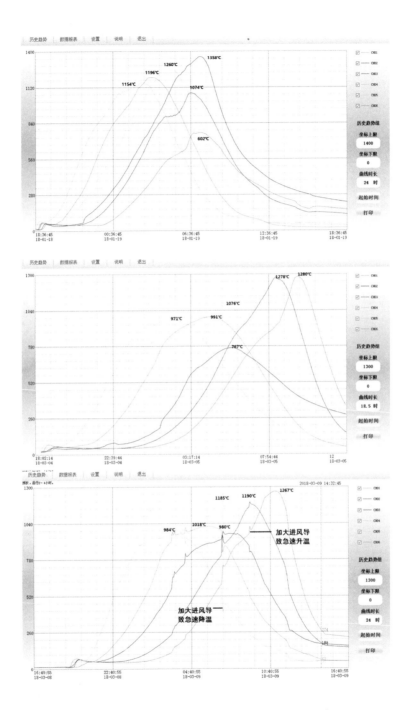

图 8-9　三次烧制的温度（从上到下依次为 SHSZ-2018-001、SHSZ-2018-002、SHSZ-2018-003）

图片来源：胡战勇

（3）出窑的生石灰分析。SHSZ-2018-003 烧制完毕后从窑顶分层取出不同温度层的生石灰样品，经喷雾加风吹成粉（图8-10）后，对其进行 XRD 快速定性检测，判断化学组分，结果见表8-6和图8-11，由此可知，取样凤阳石材在煅烧温度较高的（1000℃左右及以上）范围内可以烧制出具有水硬性组分的石灰。消石灰中，除氢氧化钙外，尚发现氧化镁。

图 8-10 烧成的石灰分成不同区域喷雾消解
图片来源：戴仕炳

8.5 试验窑成品石灰的性能初步结果及讨论

取样凤阳石材烧成的生石灰采用喷雾等不同方式消解，在安定性检测（参见表8-7，并参见图5-12）合格后测定各项性能参数。测得的初凝时间为 3h～4.5h，和德国 Hesseler 的 NHL2（3h）接近（表8-8）。

前2周的试块养护采用空气养护（温度18℃～25℃，相对空气湿度为50%～75%的室内）和水养护（置于相同室内温度的水槽中，图8-12）。养护15天标准试块的抗压强度为1.6MPa（空气养护）～2.24MPa（水养护），抗折强度为0.57MPa（空气养护）～0.60MPa（水养护）（表8-9，表8-10），水养护的抗压强度增加40%，抗折强度增加5%。这种强度应该源自水硬性组分的水合作用。

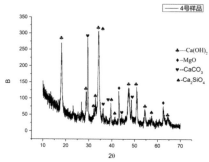

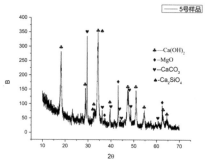

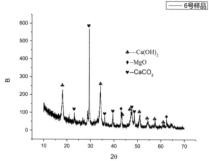

图 8-11 不同温度区域内烧制的生石灰经风吹成粉消解后的化学组分
图片来源：石登科、胡战勇

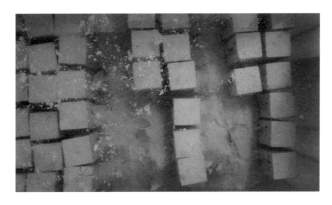

图 8-12 烧制的石灰试块的水养护（不含水硬性组分的气硬石灰及安定性不合格的石灰试块在水中崩解）
图片来源：石登科

表 8-6 SHSZ-2018-003 生石灰 XRD 分析结果

样品编号	检测编号（图 8-10）	测量点温度范围	900℃以上持续时间	出窑位置（表 8-4）	消解方式	XRD 结论
F2-1F	4 号	1185℃~1267℃	约 5h	上部（7~9 层）	风吹成粉	有水硬性组分
F2-2F	5 号	984℃~1185℃	约 6h	中部（4~6 层）	风吹成粉	有水硬性组分
F2-3F	6 号	850℃~984℃	约 4h	下部（1~3 层）	风吹成粉	无水硬性组分

表 8-7 不同加水量的石灰消解

材料类型		消解加水比例（%）	安定性
德国 Hessler NHL2		/	合格
SHSZ-2018-003	A	32	合格
		38	合格
	B	32	合格
		38	合格
	C	32	合格
		38	合格

表 8-8 石灰成品的需水量及凝结时间检测结果（与德国 Hessler NHL2 对比）

材料类型		标准稠度用水量（g）	初凝时间
德国 Hessler NHL2		226	3h
SHSZ-2018-003	A	277	4h
		278	3h
	B	248	3h
		248	3.5h
	C	270	4.5h
		270	4.5h

表 8-9 成品石灰的 15 天龄期的抗折抗压强度及碳化结果

材料类型		空气养护				水养护（60℃烘干 24h 后检测）			
		龄期	抗折 MPa	抗压 MPa	碳化 mm	龄期	抗折 MPa	抗压 MPa	碳化 mm
NHL2		15	0.815	1.470	1.5~3	15	0.500	2.380	0~0.5
SHSZ-2018-003	A	15	0.495	1.188	0~1	15	0.485	1.865	0~0.5
		15	0.580	1.745	0.5~1	15	0.525	2.100	0~0.5
	B	15	0.635	1.660	0.5~1.5	15	0.635	2.255	0~0.5
		15	0.495	1.385	1~4	15	0.710	2.265	0~0.5
	C	15	0.500	1.570	1~1.5	15	0.545	1.925	0~0.5
		15	0.700	2.060	0~1	15	0.720	3.030	0~0.5
SHSZ-2018-003 算术平均		—	0.57	1.60	—	—	0.60	2.24	—

表 8-10 成品石灰的 29 天龄期的抗折抗压强度及碳化结果

材料类型		空气养护			
		龄期	抗折（MPa）	抗压（MPa）	碳化（mm）
NHL2		29	0.87	2.44	2~3
SHSZ-2018-003	A	29	0.74	2.36	2~3
		29	0.79	2.32	2~3
	B	29	0.64	2.16	3~4
		29	0.70	2.24	2~4
	C	29	0.80	2.28	3~5
		29	0.96	2.41	4~5
SHSZ-2018-003 算术平均		—	0.77	2.30	—

结果表明，采用水泥指数 CI 为 0.2 左右的被认为是气硬性石灰原材料的石材在合适温度（950℃～1100℃）能够烧制出 15 天强度达到 1.2～2.1MPa、29 天抗压强度达到 2.2～2.4MPa（空气养护）的建筑石灰。这为今后我国遗产保护的石灰提供了一个广阔思路。

而且，在水中养护的标准试块，其强度高于比在空气中养护的试块。再次证明了少量的水硬性组分对强度贡献的意义。空气中养护成品石灰强度增长相对缓慢，29 天后的抗压强度与水中养护 15 天的抗压强度相当，说明先干燥（在制模阶段）然后水养护（或极其潮湿环境）利于含有水硬性组分石灰强度的增长。

8.6 批量化实验

在初步研究也可参见第 4 章及 1 吨风化消解实验成果基础上，开展了采用 10 吨生石灰进行风解的批量化实验（图 8-13）。

批量试验的 10 吨生石灰和第 5 章 5.2.2 节风解实验采用的生石灰采购于同一厂家，但批号不同（前者采购时间为 2015 年，后者为 2018 年，间隔 3 年）。在实验过程中发现，这批 10 吨石灰含有大量过火石灰，只有经过粉磨才能使消解的石灰安定性达到合格。这批石灰的天然水硬性组分含量较低。在添加少量偏高岭土后一起混合粉磨，参照欧洲标准 EN459-2 对石灰材料进行化学成分及物理性能检测，发现，这样得到的石灰性能接近天然水硬石灰 NHL2，或更准确地说接近调和石灰 FL2（表 8-12）。

图 8-13 在 2018 年开展的 10 吨市购生石灰缓慢消解实验
图片来源：戴仕炳

表 8-11 批量实验风解石灰化学分析结果（来源：石登科）

参数 / 成分	要求	测试结果（%）	参考标准
氧化钙 CaO	—	53.89	GB/T 176-2008
氧化镁 MgO	—	5.77	GB/T 176-2008
SO3	≤ 3.00	0.03	GB/T 176-2008
自由钙	≥ 8.0	24.67	GB/T 176-2008
自由水	≤ 2.0	0.4	GB/T 5484-2012
结晶水	—	4.1	GB/T 17669.5-1999
烧失量	—	26.29	GB/T 176-2008

"空白"表示欧标 EN459-1 没有给出要求

表 8-12 批量实验风解石灰物理性能分析结果（参照欧标 EN459-1 的调和石灰技术指标 来源：石登科）

参数 / 成分	要求	测试结果	单位	参考标准
细度 0.08mm（筛余）	≤ 15.0	2.86	%	GB/T 1345—2005
细度 0.2mm（筛余）	≤ 5.0	0.72	%	GB/T 17669.5—1999
容重	—	0.73	kg/L	GB/T 17669.5—1999
需水量	—	216	g	EN459—2
抗压强度	≥ 2.0 ≤ 7.0	4.78	MPa	GB/T17671—1999
初凝时间	≥ 60	477	min	GB/T1346—2011
稳定性	≤ 2.0	0	mm	EN459—2

"空白"表示欧标 EN459-1 没有给出要求

这类石灰可以用作夯筑、勾缝、砌筑、抹灰、灌浆等。

8.7 思考题

（1）参照传统方法烧制、消解并测试石灰性能的意义有哪些？

（2）如何通过复配实验寻找传承传统工艺和保护环境之间的平衡？

（3）复配实验研究对传统石灰窑的活化再生（见本书 1.4.2）有何启发？

附录 A 中外石灰灰浆配方、应用领域建议及评述

A1 中国传统配方——刘大可 [1]

表 A1-1 抹灰用的灰浆配合以及制作要点

原著实录				述评
名称	主要用途	配合以及制作要点	说明	
泼灰	制作灰浆的原材料	生石灰用水反复均匀地泼洒成为粉状后过筛	20天后才能使用，半年后宜用于抹灰	低温900℃~1000℃烧制的生石灰采用此法可以获得具有水硬性的石灰（如果采用不纯石灰石），而采用过火石灰则很难消解彻底。
泼浆灰	制作灰浆的原材料	泼灰过细筛后分层用青浆泼洒，闷至20天以后即可使用。白灰：青灰=100：13	超过半年后不宜使用	
煮浆灰（灰膏）	制作灰浆的原材料，室内抹白灰	生石灰加水搅成浆状，过细筛后发胀而成	超过5天后才能使用	
麻刀灰	抹靠骨灰及泥底灰的面层	各种灰浆调匀后掺入麻刀搅匀。用于靠骨灰时，灰：麻刀=100：4.用于面层时，灰：麻刀=100：3	是各种掺麻刀灰浆的统称	需要二次加工，降低灰浆中空气含量
月白灰	室外抹青灰或月白灰	泼浆灰加水或青浆调匀，根据需要，掺入适量麻刀	月白灰分浅月白灰和深月白灰	
葡萄灰	抹饰红灰	泼灰加水后加红土粉再加麻刀。白灰：红土粉：麻刀=100：6：4	现代多将红土粉改为氧化铁红。白灰：氧化铁红=100：3，文物修缮不应使用氧化铁红	
黄灰	抹饰黄灰	室外用泼灰，室内用灰膏，加水后加包金土子（黄土子）再加麻刀。白灰，包金土子：麻刀=100：5：4	如无包金土子，可用深地板黄代替（不能用作刷浆）	
纸筋灰	室内抹灰的面层	草纸用水闷成纸浆，放入灰膏中搅匀。灰：纸筋=100：6	厚度不宜超过2毫米	
蒲棒灰	壁画抹灰的面层	灰青内掺入蒲绒，调匀。灰：蒲绒=100：3	厚度不宜超过2毫米	
三合灰	抹灰打底	月白灰加适量水泥，根据需要可掺麻刀		加入高活性偏高岭土或火山灰比加水泥更好

1.刘大可，中国建筑瓦石营法（第二版）[M].北京：文物出版社，2015

原著实录				述评
名称	主要用途	配合以及制作要点	说明	
棉花灰	壁画抹灰的面层；地方手法的抹灰作法	好灰膏掺入精加工的棉花绒。调匀。灰：棉花=100：3	厚度不宜超过2毫米	
锯末灰	地方作法的墙面抹灰	泼灰或煮浆灰加水调匀。锯末过筛洗净，锯末：白灰=1：1.5(体积比)。掺入灰内调匀后放置几天，等锯末烧软后即可使用	室外宜用泼灰，室内宜用煮浆灰	
砂子灰	地方作法的墙面抹灰，多用于底层。也用于面层	砂子过筛，白灰膏用少量水稀释后。加砂加水调匀，砂：灰=3：1(体积比)	20世纪30年代以后出现的材料。现多称"白灰砂浆"	闽、广等历史上常用蚵灰（粉）加砂
焦渣灰	地方作法的墙面抹灰	焦渣过筛，取细灰，与泼灰拌合后加水调匀，或用生石灰加水，取浆，与焦渣调匀。白灰：焦渣=1:3（体积比）	应放置1~2天后使用，以免生灰起拱	
煤球灰	地方作法的墙面抹灰	浇透的炉灰粉碎过筛，白灰膏或泼灰加水稀释，与炉灰拌合，加水调匀。白灰：炉灰=1:3	煤球为一种燃料，煤粉加黄土制成小圆球。炉灰为煤球燃尽物	
滑秸灰	地方建筑抹灰作法	泼灰：滑秸=100:4，滑秸长度5~6厘米，加水调匀。放置几天，等滑秸烧软后才能使用		
毛灰	地方手法的外墙抹灰	泼灰掺入动物鬃毛或人的头发（长度约5厘米），灰：毛=100:3		
掺灰泥	泥底灰打底	泼灰与黄土搅匀后加水，或生石灰加水，取浆与黄土拌合，闷8小时后即可使用。灰：黄土=3:7或4:6或5:5(体积比)	以亚黏性土较好	熟泥+生石灰粉+麻可用作泥塑材料
滑秸泥	抹饰墙面泥灰打底	与掺灰泥制作方法相同，但应加入滑秸，滑秸应经石灰水烧软再与泥拌匀。滑秸使用前宜剪短砸劈。灰：滑秸=100:20（体积比）		

原著实录				述评
名称	主要用途	配合以及制作要点	说明	
麻刀泥	壁画抹灰的面层	砂黄土过细筛，加水调匀后加入麻刀。砂黄土：白灰 =6:4，白灰：麻刀 =100:(6~5)		
棉花泥	壁画抹饰的面层	好黏土过箩，掺入适量细砂，加水调匀后，掺入精加工后的棉花绒。土：棉花 =100:3	厚度不宜超过 2 毫米	
生石灰浆	内墙白灰墙面刷浆	生石灰块加水搅成稠浆状，经细箩过淋后掺入胶类物质		
熟石灰浆	内墙白灰墙面刷浆	泼灰加水搅成稠浆状，经细箩过淋后掺入胶类物质		
青浆	青灰墙面刷浆	青灰加水搅成浆状后过细筛(网眼宽不超过 0.2 厘米)	使用中，补充水两次以上时，应补充青灰	
红土浆 (红浆)	抹饰红灰时的赶轧刷浆	红土兑水搅成浆状后，兑入红米汁和白矾水，过箩后使用，红土：江米：白矾 =100:7:5.5	现常用氧化铁红兑水再加胶类物质。文物修缮不应使用氧化铁红	红土中的黏土矿物可与石灰的氢氧化钙发生反应形成硅酸钙，提高灰的强度，而氧化铁颜料中无黏土矿物
包金土浆 (土黄浆)	抹饰黄灰时的赶轧刷浆	包金土子（黄土子）兑水搅成浆状后，兑入红米汁和白矾水，过箩后使用，包金土子：江米：白矾 =100:7:5.5	如无包金土子，可用其他黄色调制而成，例如用深地板黄加适量樟丹和白粉代替，或用两份石黄、五份樟丹、一份雄黄代替。颜色应呈深米黄色或较漂亮的深土黄色。很重要的宫殿建筑可在土黄浆中掺入雄黄浆，极重要的宫殿建筑可直接刷雄黄浆	
烟子浆	抹灰镂缝或描缝做法时刷浆	黑烟子用胶水搅成膏状，再加水搅成浆状	可掺适量青浆	
绿矾水	江南部分庙宇黄色墙面刷浆	绿矾加水，浓度视刷后的颜色而定		

原书注：1. 配合比中的白灰，除注明者外均指生石灰。

2. 配合比中除注明者外，均为重量比。

3. 注明体积比的，白灰均指熟石灰。

A2 中国传统配方——《营造法式》[1]

泥作制度

垒墙

　　垒墙之制：高广随间。每墙高四尺，则厚一尺。每高一尺，其上斜收六分。每面斜收白上各三分。每用坯墼三重，铺襻竹一重。若高增一尺，则厚加二尺五寸；减亦如之。

　　用泥　其名有四：一曰　，二曰　，三曰涂，四曰泥。

　　用石灰等泥涂之制：先用粗泥搭络不平处，候稍干，次用中泥趁平；又候稍干，次用细泥为衬；上施石灰泥毕，候水脉定，收压五遍，令泥面光泽。干厚一分三厘，其破灰泥不用中泥。

　　合红灰：每石灰一十五斤，用土朱五斤，非殿阁者用石灰一十七斤土朱三斤。赤土一十一斤八两。

　　合青灰：用石灰及软石炭各一半。如无软石炭，每石灰一十斤，用粗墨一斤或黑煤一十一两，胶七钱。

　　合黄灰：每石灰三斤，用黄土一斤。

　　合破灰：每石灰一斤，用白篾土四斤八两。每用石灰十斤，用麦　九斤。收压两遍令泥面光泽。

　　细泥：一重作灰衬同。方一丈，用麦　一十五斤。城壁增一倍，粗泥同。

　　粗泥：一重方一丈，用麦　八斤。搭络及中泥作衬减半。

　　粗细泥：施之城壁及散屋内外，先用粗泥，次用细泥，收压两遍。

　　凡和石灰泥，每石灰三十斤，用麻捣二斤。其和红、黄、青灰等，即通计所用土朱、赤土、黄土、石炭等斤数在石灰之内。如青灰内，若用墨煤或粗墨者不计数。若矿石灰，每八斤可以充十斤之用。每矿石灰三十斤加麻捣一斤。

A3 中国传统配方——《营造法原》[2]

　　石灰之性质：灰分本地灰与客灰二种。本地灰又有大窑与小窑二种产品。大窑灰以娄门外为佳，小窑为木渎、齐门一带为多。客灰则来自宜兴与张渚。大窑产灰较小窑为佳，其石料产自吴县洞庭西山，每窑装石约二百五十吨，逐皮砌匀，以稻柴烧，产灰约四五成，火力均匀而文，石中油膏，未脱本性而糯，化用其浆滋腻。小窑产量觉少，燃烧时间较短，且叠砌不匀，所出之灰，因火力不均，燃性不透，往往杂有石块。客灰烧树及茅柴，其火紧，灰性烧枯，化用沉而不濡。现有用煤燃烧者，成本轻而灰性较枯。灰之经风化而成粉末者，称为细灰。一般通称灰之成块者曰大灰。细灰性脱而不粘，匠家应用取其价廉也。

　　灰及纸筋之应用

　　灰之用途甚广，凡砌墙，筑脊，粉刷等靡不赖之。除化石灰浆外，恒以之为灰砂及纸筋。

1. 李诫撰，王海燕注译，袁牧审定，营造法式译解 [M]，武汉：华中科技大学出版社，2014.07：196-197.
2. 祝纪楠编著，徐善铿校阅，营造法源诠释 [M]，中国建筑工业出版社，2012.10：230.

灰砂者以石灰与砂和水化合成胶泥，用于砌墙筑脊及粉刷打底之用，其配合比例及需用数量，详见砂之应用一节及筑脊章。纸筋者以石灰与纸脚着潮打烂化合。纸脚一名大连，系粗草纸之一种，含稻草纤维甚多，和水置石臼内捣烂，因易腐烂，较稻草为佳。纸筋常用于粉刷，其配合成分和用量等，叙述于下：

(1) 化石灰浆用灰之比例：如用大窑灰一担，以水化成白石灰浆，一丈见方，厚五分。如化一丈见方，厚一尺则须灰二十担。此一方之用灰担数（一担 =100 斤 =50 公斤）。

(2) 化纸筋用灰之例：纸筋灰比例为五与一之比，即用石灰五斤，纸脚一斤，化成纸筋，装一小桶（修理房屋以应用桶数计值）。如用石灰一担，则需用纸脚二十斤。

(3) 殿庭各项用灰之数目

①屋面窝瓦用，每十方，厚一尺，共用灰二百担，加太湖砂二百挽。

②稻草：每灰一担，用稻草五斤，功与纸脚同。

③纸脚：每灰一担，用纸脚二十斤。

④套打（为设法减料之意）：加细灰一挽。

⑤打纸筋：用细灰四挽，纸脚二十斤，合灰一担。

⑥麻皮：每间二担。

以上六项，岁修减半。

⑦房面窝瓦用：每十方厚六寸，用灰一百二十担。

⑧做盖筒瓦：深六丈，每楞用灰三担。每深一丈，则用灰五十斤。屋宽一丈，盖筒瓦约十二楞，每方用灰约合六担。纸筋粉盖筒瓦用，每楞用灰一担，纸脚二十斤。合每方用灰二担，纸脚四十斤。

⑨做正脊：用灰每间十担，纸筋每丈用灰五十斤。

⑩做戗：每只用灰五担，纸筋每丈用灰二十五斤。

⑪做竖带：每条用灰五担，纸筋每丈用灰二十五斤。

⑫做赶宕脊：每间用灰五担，纸筋每丈用灰二十五斤。

⑬刷脊纸筋：每丈用灰十斤。

⑭盖筒瓦：每楞用轻煤（黑色颜料，刷黑用）二斤。

⑮竖带戗：每件用轻煤五斤。

⑯赶宕脊：每间用轻煤五斤。

(4) 殿庭各项用灰合大数之算法

① 屋面窝瓦用：每见方一丈，连复合盖筒瓦，用灰二十担。

② 复合及拓刷盖筒瓦用纸筋：每见方一丈，用灰十担。如用细灰打成纸筋，则须搓圆而能入水不化，始可应用。

③ 屋面刷黑：每见方一丈，用轻煤二十斤。

④ 打纸筋灰一石臼，出纸筋二桶，每桶拓瓦条一丈。

⑤ 打油灰：每见方一丈，用桐油四斤，加细灰二斗，每斗重七斤，打成加水四份，用油六份。

⑥ 大龙吻脊料：用七路瓦条，板升合角（即正脊瓦条四周兜通，成形如升形之锐角部分）。高五、六尺，合用纸筋二百石臼，用灰二十担。粉拓盖筒瓦，每见方一丈，用纸筋计十石臼。

附录 B　同济大学历史建筑保护实验中心研究发现的部分历史灰浆配方

建筑名称	保护级别	砌体类型	年代	灰浆类型	灰∶砂（质量比）	水硬性组分含量	其他
杭州之江大学旧址——钟楼	全国重点文物保护单位	建筑	1911 年	砌筑灰浆	1∶1.25	＜ 5%	—
贵阳市戴蕴珊别墅	市级文物保护单位	建筑	1925 年	砌筑灰浆	纯灰	＜ 5%	镁质石灰
贵州市海龙屯	全国重点文物保护单位	城墙	宋 / 明代	砌筑灰浆 / 勾缝灰浆	纯灰	＜ 5%	镁质石灰
江西赣州龙南太平桥	全国重点文物保护单位	桥	明代重建于清代	砌筑灰浆	1∶2~1∶3	＞ 5%	含有 5%～10% 黏土
西安市大雁塔	全国重点文物保护单位	塔	明代	砌筑灰浆（可能为民国）	1∶3	＞ 5%,	含有 70% 黏土
				砌筑灰浆（可能为民国）	无砂	＜ 5%	含有 20% 黏土
长城（姜毛裕城堡）	全国重点文物保护单位	城墙	明代	砌筑灰浆	无砂	＜ 5%	镁质石灰，含有 5%～10% 黏土或未烧透石材颗粒

附录 C 欧洲传统配方（源自参考文献）

表 C-1 石灰砌筑砂浆配合比（参照 WJ Metje 2007 简化），体积比

类型	气硬性石灰		水硬性石灰		水泥 *	砂 **	28 天抗压强度 (MPa)	应用
	石灰膏	消石灰	NHL2	NHL5				
M 1	1	—	—	—	—	4	约 1	低强度黏土砖、土坯砖等
	—	1	—	—	—	3		砖石砌筑
	—	—	1	—	—	3		
	—	—	—	1	—	4.5		
M2.5	1.5	—	—	—	1	8	约 2.5	非重要的历史砖石
	—	2	—	—	1	8		
	—	—	2	—	1	8		文物，高强度砖石
	—	—	—	1	—	3		
M5	—	1	—	—	1	6	—	有安全隐患的高强砖石
	—	—	—	2	1	8	—	

* 宜选择低碱水泥，根据实际需要选用白水泥或灰色水泥。

** 无机天然砂或人工砂，火山碎块、黏土砖碎粉灰增加强度。

表 C-2 石灰抹面砂浆配合比（参照 WJ Metje, 2007 简化），体积比

类型		气硬性石灰		水硬性石灰		水泥 *	砂 **	28 天抗压强度 (MPa)	应用
		石灰膏	消石灰	NHL2	NHL5				
P I	a	1	—	—	—	—	3.5～4.5	—	传统建筑面层
	a	—	1	—	—	—	3～4	—	
	c	—	—	1	—	—	3～4	—	
P II	a	—	—	—	1	—	3～4	—	重要建筑
	b	—	2	—	—	1	9～11	—	非重要建筑
P III	a	—	0.5	—	—	2	6～8	—	水泥刮糙
	b	—	—	—	—	1	3～4	—	水刷石等基层

* 宜选择低碱水泥，根据实际需要选用白水泥或灰色水泥

** 无机天然砂或人工砂，火山碎块、黏土砖碎粉灰增加强度，采用色土等调色时需适当减少砂的含量。

表 C-3 不同石灰砂浆的吸水性及分类（来源：G. Allen 等，2003）

类别（mm，吸水 6 小时后上升高度）	砂浆组成（体积比）	评述
非常高（126～150）	NHL2 1：3	
	NHL3.5 1：4	
	NHL3.5 1：6	
	NHL3.5 1：3+10% 石灰膏	石灰膏的添加量需要控制在 10% 以下
	NHL3.5 1：3+30% CL90	
	CL90 砂浆	
	CL90+30% 偏高岭土	偏高岭土活性需要检验
高（101～125）	NHL2 1：2.5	
	NHL3.5 1：3+10% 消石灰 CL90	
	NHL3.5 1：3+5% 石灰膏	
中等（76～100）	NHL3.5 1：2	
	NHL3.5 1：3	
	NHL3.5 1：3+ 砖粉	
	NHL5 1：4	
低（51～75）	NHL3.5 1：1	
	NHL3.5 1：1.5	
	NHL3.5 1：2	
	NHL3.5 1：3+ 天然火山灰	
	NHL3.5 1：3+50% 消石灰 CL90	
	NHL3.5 1：3+ 矿渣、粉煤灰、偏高岭土、硅微粉	
	NHL5 1：3	
非常低（＜51）	NHL5 1：2	

表 C-4 不同天然水硬石灰的耐冻融性能及分类（来源：G. Allen 等，2003）

类别	砂浆（体积比）	评述
非常高（＞50 个循环）	NHL 3.5 1：2 NHL 5 1：2 NHL 5 1：2	含较高硅酸二钙的 NHL5 具有较高的耐硫酸盐腐蚀及耐冻融能力，但是需要保障早期的强度（见第 2 章有关天然水硬石灰固化机理）
高（26~50 个循环）	NHL 3.5 1：2.5 NHL 3.5 1：1.5 NHL 5 1：4	
中等（10~25 个循环）	NHL 3.5 1：1 NHL 3.5 1：3 NHL 3.5 1：4	
低（＜10 个循环）	NHL 3.5 1：6 NHL 2 1：2 NHL 2 1：3	

表 C-5 不同天然水硬石灰的耐硫酸盐腐蚀性能及分类（来源：G. Allen 等，2003）

类别	砂浆（体积比）	评述
非常高（＞50 个循环）	NHL 3.5 1：1 NHL 3.5 1：1.5 NHL 3.5 1：2 NHL 3.5 1：2.5 NHL 3.5 1：3 NHL 3.5 1：4 NHL 5 1：2 NHL 5 1：3 NHL 5 1：4	含较高硅酸二钙的 NHL5 具有较高的耐硫酸盐腐蚀及耐冻融能力，但是需要保障早期的强度（见第 2 章有关天然水硬石灰固化机理）
高（26~50 个循环）	NHL 2 1：2 NHL 2 1：3	
中等（10~25 个循环）	NHL 3.5 1：6	
低（＜10 个循环）	硅酸盐水泥 OPC：灰浆增塑剂	

表 C-6 不同天然水硬石灰在硫酸盐环境下耐冻融性能及分类（来源：G. Allen 等，2003）

类别	砂浆（体积比）	评述
非常高（> 50 个循环）	NHL 5 1：2	
高（26~50 个循环）	NHL 3.5 1：1.5 HNL 3.5 1：2 NHL 3.5 1：2.5 NHL 5 1：3 NHL 5 1：4	含较高硅酸二钙的 NHL5 具有较高的耐硫酸盐腐蚀及耐冻融能力，但是需要保障早期的强度（见第 2 章有关天然水硬石灰固化机理）
中等（10~25 个循环）	NHL 3.5 1：1 NHL 3.5 1：3 NHL 3.5 1：4	
低（< 10 个循环）	NHL 3.5 1：6 NHL 2 1：2 NHL 2 1：3	

表 C-7 A 型典型石灰砂浆配比及应用（来源：English Heritage: Practical Building Cponservation: Mortars, Plasters and Renders）

A 型砂浆					
	石灰膏	优质砂 [1]	优质多孔碎石 [2]	黏合剂：骨料	应用
A1	1	—	—	—	嵌缝
A2	1	—	—	—	嵌缝
A3	1	—	—	1:3	砂浆修复
A4	1	2	1	1:3	砂浆修复
A5	1	1	2	1:3	砂浆修复

所有比例以体积计
1. 如果使用劣质砂，则必须增加石灰的比例以保证使用效果
2. 修复用灰浆通常指定用石粉。采石场提供的石粉，通常含有高比例的细粉，这会增加砂浆收缩的风险、如果指定了石粉，则应将其过筛并分级以除去大部分细粉，或减少使用量。
注意：要选择合适的专用砂浆，要考虑石材状况、类型和暴露程度，请参阅相应的砂浆选择表。

表 C-8 B 型典型石灰砂浆配比及应用（来源：English Heritage: Practical Building Cponservation: Mortars, Plasters and Renders）

						火山灰等活性组分 A 或 B 粗填料用量比（%）		应用
B 型砂浆								
	石灰膏	优质砂[1]	优质多孔碎石[2]	碎石从 400 微米到 20 毫米[3]	黏合剂：骨料	A[4] PFA	B[4] GBFS 偏高岭土	
B1	1	—	—	—	—	10	5	嵌缝
B2	1	—	—	—	—	10	5	嵌缝
B3	1	2	—	—	1:3	—	—	砂浆修复
B4	1	—	—	—	1:3	10	5	砂浆修复
B5	1	1	1	—	1:3	10	5	砂浆修复
B6	1	1	2	—	1:3	10	5	砂浆修复
B7	1	1	—	—	1:3	—	—	砂浆修复

所有比例以体积计

1. 如果使用劣质砂，则必须增加石灰的比例以保证使用效果。

2. 修复用灰浆通常指定用石粉。采石场提供的石粉通常含有高比例的细粉，这回增加砂浆收缩的风险，如果指定了石粉，则应将其过筛并分级以除去大部分细粉，减少使用量。

3. 在这个分级过程中，大部分材料起多孔骨料的作用，而不是类似火山灰的活性组分，只有那些小于 75 微米的材料才有可能被重新利用。

4. 处于非常暴露的位置且条件良好的砌体，火山灰等活性组分的比例可以增加到 A 列的 20% 和 B 列的 10%。

注意：要选择合适的专用砂浆，要考虑石材状况、类型和暴露程度，请参阅下面的砂浆选择表 C-11

表 C-9 C 型典型石灰砂浆及应用（来源：English Heritage Practical Building Cponservation: Mortars, Plasters and Renders）

C 型石灰砂浆						
	天然水硬石灰 2[1]	天然水硬石灰 3.5[1]	天然水硬石灰 5[1]	优质骨料 [2]	黏合剂：骨料比例	应用
C1	1	—	—	2½	1：2½	嵌缝
C2	—	1	—	2½	1：2½	嵌缝
C3[3]	—	—	1	2½	1：2½	嵌缝
C4	1	—	—	2½	1：2½	砂浆修复
C5		1	—	2½	1：2½	砂浆修复

所有比例均以体积计

1. 导则表格是生产商根据比例作出的建议，各个批次产品应遵循。此表仅供参考，应始终依照生产商的配比建议。

2. 骨料通常是优质砂或是砂和碎石的混合物，如果使用劣质砂，则必须增加石灰的比例以保证使用效果。

3. 例如在潮汐地带，砌体建筑需快速凝固，NHL 砂浆可以通过添加 10% 体积比的天然水泥、偏高岭土或 GBFS 的配比来满足要求。

注意：要选择合适的专用砂浆，要考虑石材状况、类型和暴露程度，请参阅下面的砂浆选择表。

表 C-10 砂浆选择表注释（来源：English Heritage Practical Building Cponservation: Mortars, Plasters and Renders）

砂浆选择表注释	
石材类型及说明	
坚实	非常耐久的石头，如花岗岩、玄武岩、石炭纪石灰石、粗砂石或燧石
中等	大多数砂岩和石灰石，传统上用于砌体建筑
脆弱	石灰质或泥质砂岩，多孔石灰岩，如白垩
砌体状况及说明	
较好	良好的状态，没有明显的腐烂或表面侵蚀的现象
中等	中等程度，有一些表面损失，裂开的外壳，起泡和结垢
较差	状况较差，表面结皮消失，大量开裂或结垢，表面脆弱，粉末状
暴露程度及说明	
有遮蔽	要求不高的位置，包括室内和有遮盖的室外环境，例如回廊和庭院
中等暴露	大部分外部暴露的情况，包括中低水平的砌体，但所有方向都有所暴露
非常暴露	要求较高的情况，如教堂塔楼、铺地和顶棚，暴露的河滨和高地以及遭受强风和大雨的其他场所
潮湿环境	地基，挡土墙，经常被淹没的区域

表 C-11 根据砌体类型、外露程度推荐的石灰灰浆类型选择（来源： English Heritage Practical Building Cponservation: Mortars, Plasters and Renders）

砂浆选择表									
		暴露程度							
		状况	有遮蔽		中等暴露		非常暴露		潮湿环境
			嵌缝	砂浆修复	嵌缝	砂浆修复	嵌缝	砂浆修复	
砌体类型	坚实	较好	A1,A2 B1,B2,B3 C1	A3,A4,A5 B4,B5,B6,B7 C4	B1,B2,B3 C2	B4,B5,B6,B7 C4,C5	B1*,B2*,B3* C2,C3	B4*,B5*,B6*, B7 C4,C5	C3
		中等	A1,A2 B1,B2,B3 C1	A3,A4,A5 B4,B5,B6,B7 C4	B1,B2,B3 C1,C2	B4,B5,B6,B7 C4,C5	B1*,B2*,B3* C2	B4*,B5*,B6*, B7 C4,C5	C3
		较差	A1,A2 B1,B2,B3	A3,A4,A5 B4,B5,B6,B7	B1,B2,B3 C1	B4,B5,B6,B7 C4	B1,B2,B3 C2	B4,B5,B6,B7 C4	C2
	中等	较好	A1,A2 B1,B2,B3 C1	A3,A4,A5 B4,B5,B6,B7	B1,B2,B3 C1	B4,B5,B6,B7 C4	B1*,B2*,B3* C1,C2	B4*,B5*,B6*, B7 C4	C2
		中等	A1,A2 B1,B2,B3	A3,A4,A5 B4,B5,B6,B7	B1,B2,B3	B4,B5,B6,B7	B1,B2,B3 C1	B4,B5,B6,B7 C4	C2
		较差	A1,A2	A3,A4,A5 B4,B5,B6,B7	B1,B2,B3	B4,B5,B6,B7	B1,B2,B3 C1	B4,B5,B6,B7 C4	C1
	脆弱	较好	A1,A2 B1,B2,B3	A3,A4,A5 B4,B5,B6,B7	A1,A2 B1,B2,B3	A3,A4,A5 B4,B5,B6,B7	A1,A2 B1,B2,B3	A3,A4,A5 B4,B5,B6,B7	B1,B2,B3
		中等	A1,A2	A3,A4,A5	A1,A2	A3,A4,A5	A1,A2 B1,B2,B3	A3,A4,A5 B4,B5,B6,B7	B1,B2,B3
		较差	A1,A2	A3,A4,A5	A1,A2	A3,A4,A5	A1,A2	A3,A4,A5	B1,B2,B3

* 对于在中等条件至非常暴露条件下，状况良好的坚硬中等耐久性石作修复，可能需要增加火山灰的比例（见表 C-8：B 型典型砂浆）。

附录 D 深入阅读文献

李晓，戴仕炳，朱晓敏，灰作六艺 - 中国传统建筑石灰研究框架初探 [J]，建筑遗产，2019.15
　　（3）：47-53.

戴仕炳，钟燕，胡战勇，灰作十问——建成遗产保护石灰技术 [M]，上海：同济大学出版社，
　　2016.

张嘉祥，传统灰作——壁画抹灰记录与分析 [M]，中国台湾：文化部文化资产局，2014.

刘大可，中国古建筑瓦石营法（2 版）[M]，北京：中国建筑工业出版社，2015.

WHITRAP 苏州，戴仕炳，遗产保护修复技术读本第一辑 - 石灰与文化遗产保护 [M]，上海：同
　　济大学出版社，2020.

李黎，赵林毅，中国古代石灰类材料研究 [M]，北京：文物出版社，2015.

张秉坚，方世强，李佳佳，等 . 中国传统复合砂浆 [M]. 北京：中国建材工业出版社,2020.

容志毅，中国古代石灰的燔烧及应用论略 [J]. 自然科学史研究 2011，30（01）.

郭汉杰，活性石灰生产理论与工艺 [M]，北京：化学工业出版社，2014.

张云升，中国古代灰浆材料科学化研究 [M]，南京：东南大学出版社，2015.

附录 E 主要参考文献

EI 英文 / 德文

[1] Allen, G. Allen,J.Elton,N.et al.Hydraulic lime mortar for stone,brick and block masonry[M],Donhead, UK, 2003

[2] Ashurst, J, Conservation of Ruins, Butterworth-Heinemann Series in Conservation and Museology, 2007

[3] Blezard R G .1-The History of Calcareous Cements[J].Leas Chemistry of Cement & Concrete,1998:1-23

[4] Carran D, Hughes J,Leslie A ,et al.A Short History of the Use of Lime as a Building Material Beyond Europe and North America[J].International Journal of Architectural Heritage,2012,6(2):117-146.

[5] Carran, D, et al. The effect of Calcination time upon the slaking propertie of quick lime, in J. Valek et al. (eds.), Historic Mortars: Characterisation, Assessment and Repair, RILEM Bookseries7,DOI10.1007/98-94-007-4635-0_10, RILEM2012, 283-295

[6] Costigan, A, et al. Influence of the mechanical properties of lime mortar on the strength of brick masonry, in J. Valek et al. (eds.), Historic Mortars: Characterisation, Assessment and Repair, RILEM Bookseries7,DOI10.1007/98-94-007-4635-0_10, RILEM2012,359-372

[7] Dai Shibing, Wang Jinhua, Hu Yuan, Zhang Debing, Lime-based Materials and Practices for Surface Refitting of Cultural Heritage[J], 7th International Conferencc on Structural Analysis of Historic Constructions, China, 2010.10.6-2010.10.8

[8] Dai Shibing.Building limes for cultural heritage conservation in China[J]. Heritage Science,2013,1(25):1-9

[9] Dai Shibing, Schwantes, Gesa, Conservation of Built Heritage in China – with focus on material conservation, Bauinstandsetzen und Bauphysik - gestern - heute – morgen, Hrsg.: Hans-Peter Leimer, Fraunhofer IRB Verlag, 2016, S. 63-79

[10] Dai Shibing. Preliminary study on wind slaked lime used before Qing Dynasty in China[J], Journal of Architectural Conservation,24:2,91-104,DOI:10.1080/13556207.2018.1491136

[11] Dai Shibing & Li Hongsong, Conservation and maintenance of the Rammed Earth Finishing of the Historic City Wall of Pingyao, Shanxi Province, PR China – a new evaluation of the implemented concept[J], in Loggia, Arquitectura & Restauración, Number 32 (2019).

[12] Dai Shibing & Zhong Yan, Sacrificial protection for architectural heritage conservation and preliminary approaches to restore historic fair faced brick façade in China[J], Built Heritage, 2019

[13] Dettmering, Tanja, Liu Zhaoyi, Yuyang Tang, Yijie Wang, Shibing Dai, Preliminary study on lime mortars used for stone masonry of the Great Wall built by Ming Dynasty in China, In-:Siegesmund, S & Middendorf, B.(ED.):Monument future: Decay and conservation of stone. Proceedings of the 14th international congress on the deterioration and consernation of stone –volume I and volume II. Mitteldeutscher verlag 2020

[14] Diekamp. A. 2014. Bindemitteluntersuchungen an historischen Putzen und Mörteln aus Tirol und Südtirol, Dissertation eingereicht an der Leopold-Franzens-Universität Innsbruck.

[15] English Heritage,Practical Building Conservation,Mortars,Renders and Plaster[M], Ash-

gate,2011,5-9, England

[16] Egloffstein P, Simon Walter & Oezer Fstima. Sind Injektionsmoertel auf der Basis von natuerlichem hydraulischem Kalk fuer die Instandsetzung von historischem Bauwerk geeignet[J].IFS Bericht,2007,Mainz,Germany

[17] Elsen, J. et al. Hydraulicity in Historic Lime Mortars: A Review, in J.Valek et al. (eds.), Historic Mortars: Characterisation, Assessment and Repair, RILEM Bookseries7,-DOI10.1007/98-94-007-4635-0_10, RILEM2012

[18] Grilo.J,Faria.P,Veiga.R,Santos Silva.A,Silva.V ,Velosa.A.New natural hydraulic lime mortars – Physical and microstructural properties in different curing conditions[J], Construction and Building Materials, 54 378-384(http://dx.doi.org/10.1016/j.conbuildmat.2013.12.078), 2014

[19] Grist E R, Paine K. A, Heath A ,et al.Compressive strength development of binary and ternary lime–pozzolan mortars[J].Materials & Design,2013,52(Complete):514-523.

[20] Gülec Tulun. Physico-chemical and petrographical studies of old mortars and plasters of Anatolia[J].Cement & Concrete Research,1997,27(2):227–234.

[21] Hughes, J.J,et al,Practical application of small-scale burning for traditional lime binder production:skills development for conservation of the built heritage,13th International Brick and Block Masonry Conference, Amsterdam,July 4-7 2004.

[22] IFS-Bericht Nr.16: Umweltbedingte Gebaeudeschaeden an Denkmaelern durch die Verwendung von Dolomitkalkmoerteln, Mainz, Germany,2003

[23] IFS-Bericht Nr.26:Neue Erkenntnisse zu den Eigenschaften von NHL-gebundenen Moerteln, Mainz,Germany,2007

[24] Jennifer, S.Dolomitic Lime in the US, Journal of Architectural Conservation, ISSN:1355-6207(Print)2326-6384(Online)Journalhomepage: http://www.tandfonline.com/loi/raco20, 18:3,7-25

[25] Jornet, A , et al. Comparison between traditional lime based and industrial dry mortars, in J. Valek et al. (eds.), Historic Mortars: Characterisation, Assessment and Repair, RILEM Bookseries7,DOI10.1007/98-94-007-4635-0_10, RILEM2012, 227-237

[26] Karatasions, I, et al, The effect of relative humidity on the performance of lime pozzolan mortars in J. Valek et al. (eds.), Historic Mortars: Characterisation, Assessment and Repair, RILEM Bookseries7,DOI10.1007/98-94-007-4635-0_10, RILEM2012,309-318

[27] Kuhl, Oliver, Basic principles for soil treatment with binder – Stabilization of fine-grained soil with lime[J], Proceedings of ICOMOS -CIAV&ISCEAH 2019 Joint Annual Meeting & International Conference on Vernacular & Earthen Architecture towards Local Development, Pingyao, China, Tongji University Press 2019

[28] Lanas J,J.L.Pérez Bernal,Bello M A ,et al.Mechanical properties of masonry repair dolomitic lime-based mortars[J].Cement and Concrete Research,2006,36(5):951-960.

[29] Malinowski,E.S and Hansen,T.S.Hot lime mortar in Conservation-repair and replastering of the facade of Lackon Castle[J] Journal of Architectural Conservation,Vol 17,No.1,2011,95-118w3

[30] MILTIADOU-FEZANS.A: A multidisciplinary approach for the structural restoration of the Katholikon of Dafni Monastery in Attica Greece[M], Structural Analysis of Historci Construction–D'Ayala & Fodde (eds),Taylor & Francis Group, London, 2008: 71-87

[31] Oates, J.A.H.Lime and limestone:chemistry and technology, production and use[M],Wiley-VCH Verlag GmbH, D-69469 Germany

[32] Riccardi M P, Duminuco P, Tomasi C,et al. Thermal,microscopic and X-ray diffraction studies on some ancient mortars[J].Thermochimica Acta,1998,321(1–2):207-214.

[33] Schwantes G & Dai, Shibing. Preliminary results for using micro-lime – clay soil grouts for plaster reattachment on earthen support, in K. Van Balen & E. Verstrynge (e.d): Structural Analyisi of Historic Construction, Anamnesis, diagnosis, therapy, controls, CRC Press 2016, Leunven/Belgium

[34] Schwantes, Gesa & DAI,Shibing. Research on water free injection grouts using sieved soil and micro-lime[J]. International Journal of Architectural Heritage Vol.11, Iss. 7/2017 http://dx.doi.org/10.1080/15583058.2017.1323251)

[35] Sierra E J,Miller S A,Sakulich A R,et al.Pozzolanic Activity of Diatomaceous Earth[J].Journal of the American Ceramic Society,2010,93(10):3406-3410.

[36] Valek,J.et al, Determination of optimal burning temperature ranges for production of natural hydraulic limes[J], Construction and Building Materias 66(2014) 771-780

[37] Valek,J, Lime Technologies of Historic Buildings-Preparation of specialised lime binders for conservation of historic buildings [M] Ústav teoretické a aplikované mechaniky Akademie věd České republiky,v.v.i.Prosecká 809/76,190 00,Praha 9,Czech Republic,2015

[38] Valek,J, Matas T,Jirousek J.Design and development of a small scale lime kiln for production of custom-made lime binder.In:Hughes,editor.The 3rd historic mortars conference. Glasgow:University of the West of Scotland;2013.

[39] Weismann,A, Katy Bryce.Using Natural Finishes: Lime and Earth Based Plasters, Renders & Paints[M].Green Books Ltd.2010(Digital Edition)

E2 中文

[40] 布路西洛夫斯基 .J.B. 石灰的制造 [M]. 张莹，刘玉其，译 . 北京：重工业出版社，1956.

[41] 初建民，高士林 . 冶金石灰生产技术手册 [M]. 北京：冶金工业出版社，2009.

[42] 陈彦，朱晓敏，Gesa Schwantes 戴仕炳 历史街区粉刷面层原材料及色彩考证方法 [J]，城市建筑，2018，

[43] 陈彦，戴仕炳，桐油、石灰对木构历史建筑保护和加固作用的验证 [J]，建筑遗产，2021（印刷中）

[44] 戴仕炳，李宏松，平遥城墙夯土面层病害及其保护实验研究 [J]，建筑遗产，2016.25,（01）：122~129

[45] 戴仕炳等 . 灰作十问——建成遗产保护石灰技术 [M]. 上海：同济大学出版社，2016.

[46] 戴仕炳，钟燕，胡战勇等 . 明《天工开物》之"风吹成粉"工法初步研究 [J]. 文物保护与考古科学 ,2018(01):106-113.

[47] 戴仕炳，王金华，左江花山岩画面层抢险加固材料的选择与研发 [J]，中国文化遗产，2016（04）：55-59

[48] 戴仕炳，陈彦，钟燕，中国近现代砖石建筑保护修复的前沿技术 [J]，中国文化遗产，2016（01）：68-72

[49] 戴仕炳等译，《石质文化遗产监测技术导则》，Auras 等，Leitfaden Naturstein-Monitoring -Nachkontrolle und Wartung als zukunftsweisende Erhaltungsstrategien, Fraunhofer IRB Verlag. 同济大学出版社，2020.

[50] 董耀会，吴德玉，张元华 . 明长城考实 [M]. 南京：江苏凤凰科学技术出版社 ,2019.

[51] 方小牛，唐雅欣，陈琳，等 . 生土类建筑保护技术与策略——以井冈山刘氏房祠保护与修缮为例 [M]，上海：同济大学出版社，2018.

[52] 关宸祥 . 石灰窑 [M]. 北京：中国建筑工业出版社 ,1986.

[53] 葛汉杰 . 活性石灰生产理论与工艺 [M]. 北京：化学工业出版社，2014.

[54] 克兰 .A.C 等 . 竖式石灰窑 [M].（刘玉其，张莹，张继榕，译 .）北京：重工业出版社，1956.

[55] 李晓，戴仕炳，朱晓敏 . 灰作六艺——中国传统建筑石灰研究框架初探 [J]. 建筑遗产，2019(03):47-53.

[56] 李黎，赵林毅，李最雄 . 中国古建筑中几种石灰类材料的物理力学特性研究 [J]. 文物保护与考古科学 ,2014(08):74-83.

[57] 李黎，赵林毅 . 中国古代石灰类材料研究 [M]. 北京：文物出版社，2015.

[58] 李辉 . 河南巩义窑址发现古代石灰窑和各类瓷器遗物 [N]. 中国文物报 ,2016-08-26(8).

[59] 李乃胜 . 中国早期人工建筑材料 [G] 文物保护科技专辑 II . 北京：文物出版社，2016,1-

51.

[60] 刘大可. 中国古建筑瓦石营法（第二版）[M]. 北京：中国建筑工业出版社，2015.

[61] 刘大可. 明、清古建筑土作技术（二）[J]. 古建园林技术，1988(02):7-11.

[62] 刘大可. 古建筑抹灰 [J]. 古建园林技术，1988(02):7-14.

[63] 陆俊明，罗宪婴译. 碳酸盐岩岩石学——颗粒、结构、孔隙及成岩作用 [M]. 北京：石油工业出版社，2010.

[64] 四川省文物考古研究所，等，乐山大佛的前期研究 [M]，成都：四川科技技术出版社，2002.04

[65] 时文，何添. 怎样烧石灰 [M]. 北京：中国建筑工业出版社，1984.

[66] 钱宇澄，朱海俊，戴仕炳. 遗产保护修复技术读本第一辑 石灰与文化遗产保护 [M]. 上海：同济大学出版社，2020 印刷中.

[67] 饶勃. 适用装饰工手册 [M]. 上海：上海交通大学出版社，1991.

[68] 容志毅. 中国古代石灰的燔烧及应用论略 [J]. 自然科学史研究，2011(01).

[69] 宋应星. 明本天工开物（二）[M]. 北京：国家图书出版社，2019.

[70] 孙延忠. 水硬性石灰改性土修复加固材料性能研究 [J]. 文物保护与考古科学，2015,27(S1):27-30.

[71] 陶弘景. 本草经集注（辑校本）[M]. 尚志钧，尚元胜，辑校. 北京：人民卫生出版社，1994:180.

[72] 文化部文物保护科技所主编. 中国古建筑修缮技术 [M]. 北京：中国建筑工业出版社，1983.

[73] 吴迪胜，编，蔡沈毅，绘. 初级中学教学挂图——石灰的烧制 [M]. 上海：教育图片出版社，1958.

[74] 王金华，严绍军，李黎. 广西宁明花山岩画保护研究 [M]. 武汉：中国地质大学出版社，2015.

[75] 王琳琳，等. 泥灰岩制备天然水硬性石灰工艺优化及性能 [J]. 硅酸盐通报，2019(38).

[76] 王朝熙. 装饰工程手册 [M]. 北京：中国建筑工业出版社，1991.

[77] 席勒 .E, 贝伦丝 ,W. 石灰 [M]. (陆华，武洞明，译)，上海：中国建筑工业出版社，1981.

[78] 西北大学文化遗产与考古学研究中心. 陕西旬邑下魏洛 [M]. 上海：科学出版社，2006.

[79] 袁伟鑫. 最后的烧蛎灰人 [N]. 奉化晚报，2018(06).

[80] 杨富巍，张秉坚，潘昌初，等. 以糯米灰浆为代表的传统灰浆——中国古代的重大发明之一 [J]. 中国科学：技术科学，2009,39(1):1-7.

[81] 张秉坚，方世强，李佳佳，等. 中国传统复合砂浆 [M]. 北京：中国建材工业出版社,2020.

[82] 张嘉祥. 传统灰作 -- 壁画抹灰记录与分析 [M]. 中国台湾：文化部文化资产局，2014.

[83] 周霄，胡源，王金华，戴仕炳. 水硬石灰在花山岩画加固保护中的应用研究 [J]. 文物保护与考古科学 .2011(02).

[84] 张云升 . 中国古代灰浆材料科学化研究 [M]. 南京 : 东南大学出版社，2015

[85] 朱筱敏 . 沉积岩石学（第四版）[M]. 北京 : 石油工业出版社，2008.

[86] 钟燕，戴仕炳，初论牺牲性保护 : 建成遗产保护实践中的一种科学意识与策略 [J]，中国文化遗产，2020,3:37-42

[87] 周月娥，戴仕炳 . 我国传统镁质石灰初步研究 [J]. 文物保护与考古科学，2021.1.34-42.

[88] 梁思成 . 营造法式注释 [M]. 上海 : 三联书店 . 2013.

[89] 祝纪楠 . 营造法原诠释 [M]. 北京 : 中国建筑工业出版社 .2012.

E3 有关石灰分类及检测方法标准

ASTM C141/C 141M-09, Standard specification for hydraulic lime for structural purposes [S],
2009

British Standards Institution, BS EN 459:2015, Building Lime[S].BSI,UK,2015

British Standards Institution, BS EN 459-2:2010, Building Lime Part 2: Test Methods. BSI,
UK, (2010).

中华人民共和国行业标准：建筑砂浆基本性能试验方法标准 [S]. JGJ/T70-2009.

中华人民共和国黑色冶金行业标准：冶金石灰物理检测方法 [S].YB/T105-2005.

中华人民共和国建材行业标准：石灰术语 [S]. JC/T619 – 1996.

中华人民共和国建材行业标准：建筑消石灰粉 [S].JC/T481-1992

中华人民共和国建材行业标准：建筑消石灰 [S]. JC/T481 – 2013.

中华人民共和国建材行业标准：建筑生石灰 [S]. JC/T479 – 2013

中华人民共和国建材行业标准：建筑石灰试验方法 [S].JC/T 478.1-2013

中华人民共和国国家标准：水泥化学分析方法 [S].GB/T176-2008

中华人民共和国国家标准：石膏化学分析方法 [S]. GB/T5484-2012

中华人民共和国国家标准：建筑石膏 - 粉料物理性能测定 [S]. GB/T17669.5-1999

后记
Postscript

在《灰作十问——建成遗产保护石灰技术》专著及有关"复合灰浆"等研究成果出版以后，同济大学历史建筑保护实验中心联合我国其他高等院校、科研单位、中外建筑石灰生产企业、文物保护设计施工单位等持续对传统建筑灰浆进行研究，发现需要一个更全面的技术体系来阐明中外建筑石灰传统、科学机理及应用工法，这个体系我们归纳为"灰作六艺"。

不添加任何外来物质的建筑石灰的固化机理是不同的，经过近200年的探索，今天非常清楚，即"气硬"和"水硬"，由此引导出建筑石灰科学分类。石灰的气硬性和水硬性首先取决于灰之母"石"和由"石"变"灰"的过程"煅"，而由"生"变"熟"的过程"解"最终决定了建筑石灰的类型、强度、固化速度等。各种不同的外来材料添加到建筑石灰中，可大大影响石灰的性能。是否存在第三种固化机理"胶硬"尚需研究。配"方"是当代建筑石灰研究的热点，也是很多发明专利设计的主题。"工"是实现建筑石灰的功能价值及美学的最后一道技术环节。正确实施以上五个环节，"固"既是水到渠成的结果，也是从古至今营造、修缮活动重要的追求之一。无论是专家学者还是初入文化遗产保护领域的新手，或生态建造爱好者，只要掌握了"灰作六艺"技术体系，都会得心应手地应用建筑石灰。

本书涉及的石灰应用研究工作除了得到国家文物局、山西省文物局、山西省平遥县文物局、北京市古建研究所、北京建筑大学、广西壮族自治区文物厅、中国文化遗产研究院、陕西省文化遗产研究院、贵州省文物保护中心、杭州市历史建筑保护与管理中心、上海市文物局、上海市科学技术委员会、四川省成都市博物馆、泸州市博物馆、重庆渝中区文物局、安徽宣城市文物局、南京市文物局、南京大明文化实业有限责任公司、海口市海口骑楼历史文化街区保护与综合整治项目指挥部、同济建筑设计研究院（集团）有限公司、同济城市规划设计研究院、安徽滁州学院以及澳门特别行政区文化资产厅等指导支持外，还得到德国 Hessler、德国 Otterbein 公司、安徽腾狮钙业等企业的帮助。

本专著是国家自然科学基金面上项目"明砖石长城保护维修关键石灰技术研究（批准号51978472）"及国家重点自然科学基金项目"我国地域营造谱系的传承方式及其在当代风土建筑进化中的再生途径（批准号51738008）"成果，出版时同时得到同济大学学术专著（自然科学类）出版基金（2018）和同济大学研究生教材出版基金（项目编号2019JC11）的资助，对此表示感谢。

除本书作者外，石登科、何政、张德兵、周月娥、居发玲、钟燕、秦天悦、王怡婕等亦参与了部分研究工作。特别是石登科、何政完成了石灰石采集、石灰的煅烧、消解等辛苦的验证工作，石登科、周月娥、居发玲等完成了大部分的实验室测试工作，周月娥、居发玲协助完成了统稿、附录及图片编辑等。更要感谢同济大学出版社江岱、荆华等在出版过程中给予的支持。

由于建筑石灰延申出的"灰作"涉及建筑学、历史、考古、土木工程、材料学、地质学、岩石矿物学、化学等多学科以及民俗、地方工艺与工业传统，国内尚缺乏系统的文献，本书难免存在疏漏及不足之处，恳请读者批判指正，希望再版时能得以完善。

作者

2020年10月

图书在版编目（CIP）数据

灰作六艺：传统建筑石灰知识与技术体系 / 戴仕炳，
胡战勇，李晓著 . -- 上海：同济大学出版社，2021.4
ISBN 978-7-5608-9813-1

Ⅰ. ①灰… Ⅱ. ①戴… ②胡… ③李… Ⅲ. ①古建筑
－文化遗产－保护－中国 Ⅳ. ① TU-87

中国版本图书馆 CIP 数据核字 (2021) 第 038976 号

灰作六艺——传统建筑石灰知识与技术体系

SIX SCIENTIFIC ASPECTS OF BUILDING LIME TECHNIQUE FOR CONSERVATION
OF CULTURAL HERITAGE

戴仕炳　胡战勇　李　晓　著
by Dai Shibing, Hu Zhanyong & Li Xiao

责任编辑　荆　华　　责任校对　徐春莲　　装帧设计　张　微

出版发行　同济大学出版社 www.tongjipress.com.cn
　　　　　（地址：上海市四平路 1239 号　邮编：200092　电话：021–65985622）
经　　销　全国各地新华书店
印　　刷　上海安枫印务有限公司
开　　本　787mm×960mm　1/16
印　　张　11.5
印　　数　1—2100
字　　数　230 000
版　　次　2021 年 4 月第 1 版　　2021 年 4 月第 1 次印刷
书　　号　ISBN 978-7-5608-9813-1
定　　价　118.00 元